植物資源生産学概論

池田　武　葭田隆治
編　著

東　京
株式会社
養賢堂発行

執筆者一覧

編著者

池田　武　　新潟大学農学部　　　　　　　　［第1章，第2章・共著，索引］

葭田隆治　　富山県立大学短期大学部　　　　［第2章・共著，第6章，第8章］

執筆者（執筆担当順）

井村光夫　　石川県立大学生産科学科　　　　　　　　　　［第2章・共著］

鈴木正一　　石川県立大学生産科学科　　　　　　　　　　　　　［第3章］

国分牧衛　　東北大学大学院農学研究科　　　　　　　　　　　　［第4章］

大山卓爾　　新潟大学農学部　　　　　　　　　　　　　　　　　［第5章］

桃木芳枝　　東京農業大学生物産業学部　　　　　　　　　　［第7章・共著］
（小栗　秀）　東京農業大学

序　　論

　教養部の改組に伴い，専門科目の一部の授業が教養課程におろされ講義されるようになった．一方，高校の授業の多様化で，生物学を取らずに農学系学部に入学してくる学生も増えてきた．かかる状態または学生に対して，農学の基礎的部分を幅広く教える必要性が生じてきて，このような本の企画を試みた．

　世界各国の行き来が比較的自由になって，新しい植物が私達の食卓にあがるようにもなってきた．どのような植物資源が私達の身のまわりに存在し生産されるのであろうか．第1, 2, 3章では，生産技術の変遷にはじまり，地球上の有用植物資源の種類について述べてみた．また，地球環境は，工業や農業技術の進歩につれて，次第に悪くなってきている．植物と自然環境，特にストレス，との関係はどうなのであろうか．第4, 5章では，植物と環境との関係を述べてみた．さらに，植物資源の利用については，食品の持つ第3次機能である生体機能調節を第6章に，植物資源と遺伝子工学との関係ならびに遺伝子組み換え食品の安全性を第7章にそれぞれ述べてみた．さらに，植物資源の生産と環境との調節ならびに資源環境型社会の構築のためのゼロエミッションの考え方は第8章に述べてみた．このような課題に少しでも興味を持って学んでもらえればと思い，それぞれの専門の先生方に書いてもらった．

　この本を出版するにあたり，養賢堂の及川　清 社長，矢野勝也 編集部長および木曽透江様から多大の援助を得た．ここに深く感謝する次第である．

池田　武

葭田隆治

目　次

第1章　農作物の生産・技術と地球環境

　…………………………………………………………………1
1. 人口増加と食糧生産 …………………………………………1
2. 反収（10a当たり収量）の増加と技術 ……………………3
3. 反収（10a当たり収量）の違い ……………………………5
　(1) 貯蔵物質等による反収の違い ……………………………5
　(2) 地域による反収の違い ……………………………………6
　(3) イネとダイズの多収事例 …………………………………6
4. 増加技術とその後 ……………………………………………8
　(1) 品種の固定化 ………………………………………………8
　(2) 疲弊した土地 ………………………………………………8
　(3) 農薬害 ………………………………………………………8
　(4) 塩害 …………………………………………………………9
　(5) 水の人体への影響 …………………………………………9
5. 地球の温暖化 …………………………………………………9
　(1) 温室効果ガスと温暖化 ……………………………………9
　(2) 温暖化に伴う自然の変化 …………………………………10
6. これからの農業 ………………………………………………11

第2章　地球上の生物と植物資源

　…………………………………………………………………13
1. 地球上の生物種 ………………………………………………13
　(1) 地球生物と植物資源 ………………………………………13
　(2) 野生植物の栽培化 …………………………………………14
　(3) 作物の伝播 …………………………………………………17
2. 世界人口を扶養する作物資源 ………………………………18
　(1) 人口増加と植物生産 ………………………………………18
　(2) 日本の植物生産 ……………………………………………21
3. コメとコムギとトウモロコシ ………………………………21

(1) 栽培植物（作物）の分類‥‥‥‥‥‥‥‥‥‥‥‥‥‥‥‥‥21
　(2) 食用作物‥‥‥‥‥‥‥‥‥‥‥‥‥‥‥‥‥‥‥‥‥‥‥‥22
　(3) イネ科の特徴とイネ，コムギ，トウモロコシ‥‥‥‥‥‥‥‥24
4. 豆　類‥‥‥‥‥‥‥‥‥‥‥‥‥‥‥‥‥‥‥‥‥‥‥‥‥‥29
　(1) ダイズ‥‥‥‥‥‥‥‥‥‥‥‥‥‥‥‥‥‥‥‥‥‥‥‥‥29
　(2) ラッカセイ‥‥‥‥‥‥‥‥‥‥‥‥‥‥‥‥‥‥‥‥‥‥‥33
5. イモ類‥‥‥‥‥‥‥‥‥‥‥‥‥‥‥‥‥‥‥‥‥‥‥‥‥‥36
　(1) ジャガイモ‥‥‥‥‥‥‥‥‥‥‥‥‥‥‥‥‥‥‥‥‥‥‥36
　(2) サツマイモ‥‥‥‥‥‥‥‥‥‥‥‥‥‥‥‥‥‥‥‥‥‥‥40
6. 工芸作物の特徴‥‥‥‥‥‥‥‥‥‥‥‥‥‥‥‥‥‥‥‥‥‥44
7. 園芸作物‥‥‥‥‥‥‥‥‥‥‥‥‥‥‥‥‥‥‥‥‥‥‥‥‥45
　(1) 蔬菜‥‥‥‥‥‥‥‥‥‥‥‥‥‥‥‥‥‥‥‥‥‥‥‥‥‥45
　(2) 花卉‥‥‥‥‥‥‥‥‥‥‥‥‥‥‥‥‥‥‥‥‥‥‥‥‥‥48
　(3) 果樹‥‥‥‥‥‥‥‥‥‥‥‥‥‥‥‥‥‥‥‥‥‥‥‥‥‥50
　(4) 園芸と人間とのかかわりあい‥‥‥‥‥‥‥‥‥‥‥‥‥‥‥52

第3章　植物資源の多様性とその利用

‥‥‥‥‥‥‥‥‥‥‥‥‥‥‥‥‥‥‥‥‥‥‥‥‥‥‥‥‥‥‥55
1. 雑穀類‥‥‥‥‥‥‥‥‥‥‥‥‥‥‥‥‥‥‥‥‥‥‥‥‥‥57
2. 地域伝統植物資源‥‥‥‥‥‥‥‥‥‥‥‥‥‥‥‥‥‥‥‥‥59
3. 薬用植物資源‥‥‥‥‥‥‥‥‥‥‥‥‥‥‥‥‥‥‥‥‥‥‥63
4. 景観形成植物資源‥‥‥‥‥‥‥‥‥‥‥‥‥‥‥‥‥‥‥‥‥71
5. 環境浄化植物資源‥‥‥‥‥‥‥‥‥‥‥‥‥‥‥‥‥‥‥‥‥76
6. アレロパシー・緑肥植物資源‥‥‥‥‥‥‥‥‥‥‥‥‥‥‥‥77

第4章　環境と植物生産技術

‥‥‥‥‥‥‥‥‥‥‥‥‥‥‥‥‥‥‥‥‥‥‥‥‥‥‥‥‥‥‥85
1. 植物生産に影響する環境要因‥‥‥‥‥‥‥‥‥‥‥‥‥‥‥‥85
　(1) 遺伝的能力と環境要因‥‥‥‥‥‥‥‥‥‥‥‥‥‥‥‥‥85
　(2) 植物生産システムの可動性‥‥‥‥‥‥‥‥‥‥‥‥‥‥‥85
　(3) 環境要因の改変と農業の持続性および地球環境‥‥‥‥‥‥86
2. 土壌と植物生産‥‥‥‥‥‥‥‥‥‥‥‥‥‥‥‥‥‥‥‥‥‥87
　(1) 土壌特性と植物生産‥‥‥‥‥‥‥‥‥‥‥‥‥‥‥‥‥‥87
　(2) 施肥・土壌管理と作物の生育‥‥‥‥‥‥‥‥‥‥‥‥‥‥91

3. 水分と物質生産 ··· 92
　(1) 水資源と植物生産 ··· 92
　(2) 水ストレスと作物生産 ·· 93
　(3) 作物種の選択，灌漑による水ストレスの緩和 ··················· 94
4. 温度と物質生産 ··· 95
　(1) 温度と植物の分布，生育 ··· 95
　(2) 低温ストレスと作物生産 ··· 97
　(3) 高温ストレスと作物生産 ··· 99
5. 二酸化炭素濃度と物質生産 ·· 100
　(1) 二酸化炭素濃度の変動 ··· 100
　(2) 二酸化炭素濃度と植物の物質生産 ····································· 102

第5章　微生物と植物生産技術

··· 105
1. 土と微生物 ·· 106
　(1) 地球環境と土壌微生物 ··· 106
　(2) 土壌微生物の種類とすみか ·· 110
2. 微生物と植物の共生 ·· 113
　(1) マメ科植物と根粒菌の共生的窒素固定 ······························· 113
　(2) 菌根菌と植物の共生 ··· 122
　(3) エンドファイト ··· 125
3. 植物の病気と土壌微生物 ·· 126
　(1) 連作障害と輪作 ··· 126
　(2) 土壌病害の種類と発生のしくみ ·· 129
　(3) 土壌病害対策 ·· 133
4. 微生物資材と微生物の生態 ·· 138
　(1) 微生物資材とは ··· 138
　(2) 作物への養分供給を助ける共生微生物資材 ························ 138
　(3) 拮抗菌の利用 ·· 142
　(4) 有機物分解促進微生物 ·· 143
おわりに ··· 144

第6章　植物資源の利用

　‥‥‥‥‥‥‥‥‥‥‥‥‥‥‥‥‥‥‥‥‥‥‥‥‥‥‥‥‥‥‥‥ 147
1. 食糧資源の栄養性 ‥‥‥‥‥‥‥‥‥‥‥‥‥‥‥‥‥‥‥‥‥ 148
　(1) デンプン，タンパク資源‥‥‥‥‥‥‥‥‥‥‥‥‥‥‥‥ 148
　(2) 無機質，ビタミンと食物繊維資源‥‥‥‥‥‥‥‥‥‥‥‥ 150
　(3) 油料資源 ‥‥‥‥‥‥‥‥‥‥‥‥‥‥‥‥‥‥‥‥‥‥ 152
　(4) 甘味料資源 ‥‥‥‥‥‥‥‥‥‥‥‥‥‥‥‥‥‥‥‥‥ 153
2. 食糧資源の調理と安全性 ‥‥‥‥‥‥‥‥‥‥‥‥‥‥‥‥‥ 153
　(1) 安全性 ‥‥‥‥‥‥‥‥‥‥‥‥‥‥‥‥‥‥‥‥‥‥‥ 153
　(2) 嗜好性 ‥‥‥‥‥‥‥‥‥‥‥‥‥‥‥‥‥‥‥‥‥‥‥ 156
　(3) 栄養性 ‥‥‥‥‥‥‥‥‥‥‥‥‥‥‥‥‥‥‥‥‥‥‥ 157
3. 食糧資源の流通・貯蔵と栄養性 ‥‥‥‥‥‥‥‥‥‥‥‥‥‥ 159
　(1) 低温貯蔵 ‥‥‥‥‥‥‥‥‥‥‥‥‥‥‥‥‥‥‥‥‥‥ 159
　(2) 雪中貯蔵 ‥‥‥‥‥‥‥‥‥‥‥‥‥‥‥‥‥‥‥‥‥‥ 160
　(3) CA貯蔵 ‥‥‥‥‥‥‥‥‥‥‥‥‥‥‥‥‥‥‥‥‥‥ 160
　(4) キュアリング貯蔵 ‥‥‥‥‥‥‥‥‥‥‥‥‥‥‥‥‥‥ 161
　(5) 輸送と鮮度保持 ‥‥‥‥‥‥‥‥‥‥‥‥‥‥‥‥‥‥‥ 161
4. 食糧資源の生体調節機能 ‥‥‥‥‥‥‥‥‥‥‥‥‥‥‥‥‥ 161
　(1) 穀類 ‥‥‥‥‥‥‥‥‥‥‥‥‥‥‥‥‥‥‥‥‥‥‥‥ 161
　(2) 豆類 ‥‥‥‥‥‥‥‥‥‥‥‥‥‥‥‥‥‥‥‥‥‥‥‥ 164
　(3) イモ類 ‥‥‥‥‥‥‥‥‥‥‥‥‥‥‥‥‥‥‥‥‥‥‥ 164
　(4) 野菜類 ‥‥‥‥‥‥‥‥‥‥‥‥‥‥‥‥‥‥‥‥‥‥‥ 166

第7章　植物資源と遺伝子工学

　‥‥‥‥‥‥‥‥‥‥‥‥‥‥‥‥‥‥‥‥‥‥‥‥‥‥‥‥‥‥‥‥ 171
1. 植物資源と大量増殖 ‥‥‥‥‥‥‥‥‥‥‥‥‥‥‥‥‥‥‥ 171
　(1) メリクローンの作出 ‥‥‥‥‥‥‥‥‥‥‥‥‥‥‥‥‥ 172
　(2) ソマクローンの作出 ‥‥‥‥‥‥‥‥‥‥‥‥‥‥‥‥‥ 174
　(3) ソマクローナル変異と選抜 ‥‥‥‥‥‥‥‥‥‥‥‥‥‥ 177
2. 生殖細胞の増殖 ‥‥‥‥‥‥‥‥‥‥‥‥‥‥‥‥‥‥‥‥‥ 178
　(1) ガメクローンの作出 ‥‥‥‥‥‥‥‥‥‥‥‥‥‥‥‥‥ 178
　(2) 胚培養 ‥‥‥‥‥‥‥‥‥‥‥‥‥‥‥‥‥‥‥‥‥‥‥ 179
　(3) 胚珠培養 ‥‥‥‥‥‥‥‥‥‥‥‥‥‥‥‥‥‥‥‥‥‥ 179

(4) 子房培養 ･･･ 180
  (5) 将来性 ･･ 180
 3. 細胞融合 ･･ 180
  (1) 細胞融合法 ･･ 181
  (2) 融合細胞の選抜法 ･･････････････････････････････････ 182
  (3) 実用化と将来性 ････････････････････････････････････ 182
 4. 遺伝子組み換え作物 ･･････････････････････････････････ 183
  (1) 植物における遺伝子発現系の構築 ････････････････････ 184
  (2) 形質転換と転換体の選抜 ････････････････････････････ 187
  (3) 形質転換体の再生 ･･････････････････････････････････ 189
  (4) 遺伝子組み換え植物作出の問題点 ････････････････････ 189
 5. 遺伝子組み換え作物と安全性 ･･････････････････････････ 189

第8章　植物資源生産と環境保全との調和

　･･ 199
 1. 肥料資源のリサイクル ････････････････････････････････ 199
  (1) 肥料の生産と消費 ･･････････････････････････････････ 199
  (2) 窒素の循環 ･･ 201
 2. 生物系廃棄物（有機物）の土壌への還元 ････････････････ 203
  (1) 有機物の働き ･･････････････････････････････････････ 203
  (2) 有機農産物 ･･ 204
 3. 環境保全型農業 ･･････････････････････････････････････ 208
  (1) 環境保全型農業とは何か ････････････････････････････ 208
  (2) 有機物施肥の環境的許容限界 ････････････････････････ 210
  (3) 環境保全型農業の取り組み ･･････････････････････････ 210
  (4) 生ごみのリサイクル ････････････････････････････････ 212

索　引 ･･ 215

第1章　農作物の生産・技術と地球環境

1．人口増加と食糧生産

　現在，世界の一部，アフリカ，ボスニア，東南アジア，北朝鮮で食糧不足，飢え（starvation）が報じられている．一方，日本では，大抵の食糧を口にすることのできる飽食（full food）の時代にある．しかし，1993年に東北地方を中心とする冷害（cold damage）で，コメを数カ国から緊急に輸入し，世界のコメの価格をつりあげた．はたして，本当に飽食なのだろうか．日本は，今や穀物の7割以上を海外に依存している．

　世界の人口は，年間約9,000万人ずつ増加しており，図1.1より1970年の約37億人であったものが，1995年に約57億人を，そして1999年10月には，約60億人を示している．これが，2030年には最低約72億人から最大約100億人になると推定されている．先進地域の人口は，世界人口の約1/4

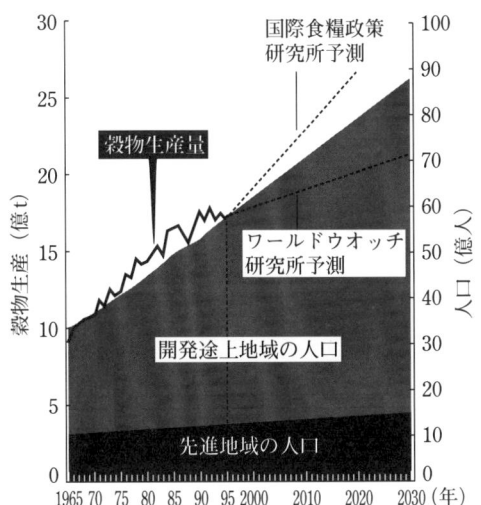

＜注＞穀物生産量はアメリカ農務省調べ．人口は国連推計

図1.1　世界の人口と穀物生産（朝日新聞 1995. 8. 10）

の約15億人と横ばいであるのに対して，開発地域の人口が急激に増え続けている．増え続けている一方で，死んでいく人も多い．地球上では，毎日約3万人の子供が食糧不足で死んでおり，1年間にすると約1,000万人と東京都の人口と同じ数になる．現在，飢餓とひどい栄養不足に苦しむ人々が，アフリカやアジアの発展途上国に約8億人いる．

一方，世界の穀物生産量は，1970年の約12億tから1995年の約20億tへと，年間3,000万t以上の割合で増加している．しかし，地球環境の変化（温暖化，砂漠化，酸性雨，塩害，エルニーヨ現象）によって，この穀物増加割合がにぶりはじめてきた．

地球上の全陸地は約150億haで，その約1/10の15億haが耕地面積と考えられている．世界の穀物生産量が約20億tだから，1ha当たり約1.33tの穀物生産をしていることになる．ただし，この耕地面積も砂漠化，塩害，表土流亡等によって次第に減少しつつある．

さて，私達が口にしている食糧は，大きく植物性と動物性食糧に分けられる．動物は，植物ないし動物を食べて生活しているが，最終的には食物連鎖から植物がそのもとになっている．私達が食用，工業などに利用している植物は約2,300種である．植物は，太陽の光と炭酸ガスと水から，光合成によって炭水化物をつくり出している．この炭水化物がもとになって脂質やタンパク質がつくり出される．

ただし，植物が光合成を通して利用できる光エネルギーは，耕地にふりそそぐ太陽エネルギーのわずか1.4％である．この利用エネルギーを高めようと，いろいろの栽培方法が工夫されている．また，炭酸ガスは，徐々に増えて地球の温暖化をまねいているが，約0.03％である．

多くの農業政策者が，2050〜2100年にかけて世界の食糧不足がくるのでないかと心配している．その原因の一つに，食生活の変化があげられる．例えば，牛の肉1kgを生産するのに穀物7〜8kgが，豚肉だと4〜5kgが，鶏肉だと2〜3kgがそれぞれ必要である．

数十年前まで，日本人の多くは，米・野菜・ダイズ・魚を主とした食生活をしており，70〜80％の食糧自給率を示していたが，今や西欧なみの食生活

に変わって，より多くの穀物が必要になり，自給率は 30〜40 % まで下がってしまった．先進国のフランス，アメリカ，イギリス，西ドイツの自給率は 100 % 以上を示している．

仮に，世界の約 3/4 の発展途上国の人達の食生活がうまくいき，さらに西洋並の食生活に変われば，恐らく食糧のパニックが来るであろう．今や穀物生産は頭打ちである．はたして，21 世紀は乗り越えられるであろうか．

2．反収（10a当たり収量）の増加と技術

19 世紀の農業は，土地を拡げることによって農業生産を高めてきた．現在，潜在的に大きく土地の拡大が可能な地域は，アフリカと南米である．現在の耕作面積のアフリカは約 4.7 倍，南米は約 6.6 倍である．一方，先進国では，土地を開発する余地はほとんど無く，反収増に力が注がれてきた．

世界の食糧生産の約 70 % は，現在 8 種類の穀物によってまかなわれている．それらは，生産量の大きい方から，コムギ，イネ，トウモロコシ，ジャガイモ，オオムギ，キャッサバ，サツマイモ，ソルガムである．

ここでは，日本のイネについて，その増収とその技術をみてみよう．

図 1.2 は，水稲の 10 a 当たり収量を 1880 年から 1980 年までについて示したものである．1880 年頃の収量は約 200 kg で，1915 年から 1953 年までは約 300 kg，1955 年の大豊作以後に急激に伸びて現在は約 500 kg である．

このような収量増加の背景には，いくつかの増収への要因が関係している．その要因とは，(1) 多収に適した品種改良がなされた，(2) 化学肥料の使用，(3) 田植機の発達，(4) 農薬（殺虫・殺菌剤，除草剤など）の使用，(5) 灌漑を含めた圃場整備などが含まれる．

(1) の多収品種の改良には，草型の改良があげられる．葉で行なわれる光合成に利用する太陽光をいかに効率良く捕えられるかにある．このためには，葉冠を構成する葉が細くて，しかも立っていて，葉冠の内部にまで光を透過できるような条件が好ましい．旧品種は，葉がたれ下がっていて，上位葉が下位葉と重なって光透過が悪かった．最近の品種は，栽培法の工夫によって，葉は立つ傾向にある．フィリピンの IRRI でつくられた IR 8 はこの代

(4)　　第1章　農作物の生産・技術と地球環境

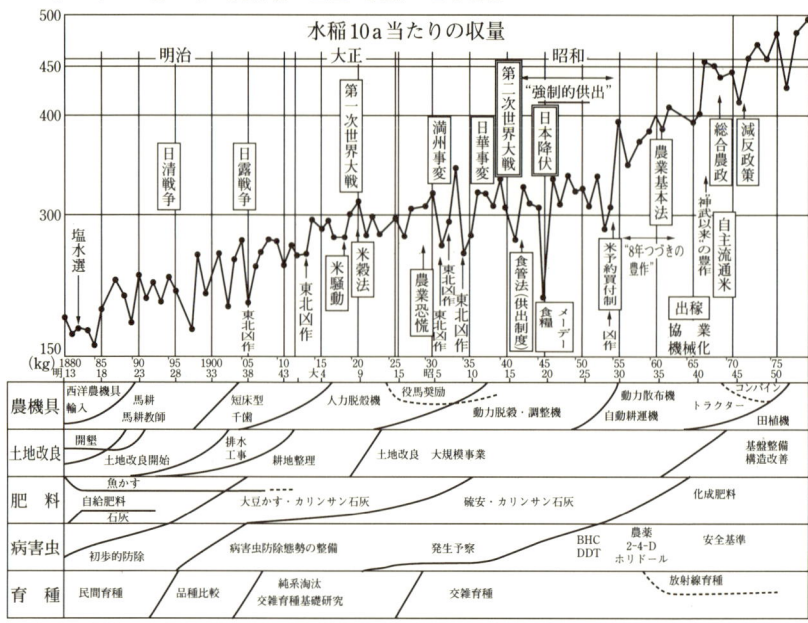

明治以降の水稲10a当たりの収量の推移と栽培技術の変遷（星川，1979）

図1.2　イネの10a当たり収量の推移と栽培技術の変遷（星川 1979）

表である．

　(2)の化学肥料については，1900年頃までは，肥料として魚かすや堆肥が主であったが，1935年頃より化学肥料が使用されはじめて，じょじょに10a当たり収量の増加がみられるようになった．現在は，速効・緩効・混合肥料などいろいろの肥料を使用している．また，肥料の施し方も基肥中心から追肥重点に変わってきた．さらに，肥効期間もきめられるようになってきている．

　(3)の田植機は，移植栽培に不可欠である．日本では，移植栽培が中心であるが，アメリカを含め大部分の国は，直播栽培を行なっている．昔は，田植え時期になると多くの人が田圃にかり出されて，移植を人力で行なっていたが，現在はほとんどが4条ないし6条の田植機を使用している．苗も成苗から稚苗へと変わってきた．ただし，日本も省力栽培として直播を模索している．

(4) の農薬の発展には，DDT からはじまって目をみはるものがある．イネ科や双子葉の雑草に効くもの，あるいは一方に効く選択的除草剤，さらにはイネ科のなかでもイネに無害でヒエのみを除草する薬剤の開発である．

ただし，環境破壊がさけばれはじめて，やさしく効く，または環境破壊につながらない農薬の開発が望まれている．

(5) の灌漑施設については，イネの場合，間断灌漑と水深に関係がある．間断灌漑は，幼穂形成期前後に，根に酸素を与えてその活性を高めるために，田圃の水を出し入れすることである．また，東北から北海道にかけては水深を 20 cm 位にして，冷害から穂を守ることも行なわれている．機械化に伴い，圃場面積も今までの 10 a からその 10 倍の 1 ha へと変わってきた．

また，世界の食糧の 40 % が灌漑されている耕地面積の 18 % から生産されている．18 % をさらに大きくすれば，食糧生産の拡大につながることは明白である．

このような，一つ一つの技術的な進歩がイネの収量をじょじょに高めていった．

3．反収（10 a 当たり収量）の違い

(1) 貯蔵物質等による反収の違い

表 1.1 は，主要食用および工芸作物の ha 当たり収量を世界と日本の場合についてそれぞれ示したものである．コムギ，イネ，トウモロコシ，ジャガイモは，種子や芋にデンプンを蓄積し，一方，ダイズ，ピーナッツ，ナタネは，種子にタンパク質や脂質を蓄積する．ジャガイモについては，水分 80 % として，0.2 倍をかけて ha 当たり収量を求めてみた．

平均の ha 当たり収量は，一般にデンプンを蓄積する作物が，タンパク質や脂質を蓄積する作物より高い．世界の場合でも，日本の場合でも，約 2.2 倍高くなっている．このように，タンパク質や脂質を蓄積する作物は，炭水化物を蓄積する作物より，蓄積により大きなエネルギーを必要として，一般に ha 当たり収量は低い．

表 1.1　世界と日本の単位面積当たりの作物収量

	世界（Kg/ha）	日本（Kg/ha）
コムギ	2,462	3,510
イネ	3,504	5,859
トウモロコシ	3,707	2,500
平均-1	3,224	3,959
ダイズ	1,861	1,500
ピーナッツ（莢付き）	1,148	1,944
ナタネ	1,371	1,838
平均-2	1,461	1,761
ジャガイモ	14,746	37,500
（水分含量：80%）	(2,949)	(7,500)

（2）地域による反収の違い

日本海側と太平洋側の10a当たりのイネとダイズの各収量の比較.

表1.2は，イネの10a当たり収量を日本海側と太平洋側の各県について比較したものである．西日本の鳥取，島根両県を除いて，一般に日本海側の各県の10a当たり収量が太平洋側の各県に比べて高い．

ダイズの場合でも，日本海側の各県の10a当たりの収量が太平洋側のそれに比べて高い傾向にある．西側の鳥取，島根両県では，その傾向があまりはっきりしていないが，東北地方ではイネと同様の傾向を示す．

このような理由として，夏の気候が，特に照度と気温が，日本海側が太平洋側に比べて高いことがあげられる．東北の太平洋側では，オホーツク海高気圧から吹き出す冷風「やませ」によって，数年毎に冷害に遭遇する危険を含んでいる．

ただし，ムギについては，太平洋側が冬に好天に恵まれて，日本海側よりも収量が高い傾向にある．

（3）イネとダイズの多収事例

イネ品種「もちひかり」で1,131 kgが，また「コシヒカリ」で998 kgが長野県の事例として報告されている．収量構成要素は表1.3のようである．今

3. 反収（10a当たり収量）の違い

表 1.2　日本海側と太平洋側のイネとダイズの10a当たり収量（1997年）

イネ 10a当たりの収量（ ）1993年

日本海側	（Kg / 10 a）	太平洋側	（Kg / 10 a）
秋田	572 (480)	岩手	488 (152)
山形	582 (459)	宮城	472 (187)
新潟	501 (470)	福島	483 (313)
富山	481 (444)	千葉	425 (428)
石川	467 (439)	茨城	433 (406)
福井	449 (446)	静岡	403
鳥取	449	岡山	460
島根	410	広島	472

ダイズの場合（ ）1993年

日本海側	（Kg / 10 a）	太平洋側	（Kg / 10 a）
秋田	186 (150)	岩手	119 (72)
山形	193 (138)	宮城	106 (82)
新潟	137 (133)	福島	118 (103)
富山	228 (129)	千葉	111
石川	178	茨城	145 (129)
福井	177	静岡	122
鳥取	190	岡山	161
島根	132	広島	149

表 1.3　イネとダイズの多収事例

イネ	収量 (Kg / 10 a)	粒数*	穂数	株数	登熟歩合 (％)	千粒重 (g)	粒数/穂
もちひかり	1,131	6.33	862	35.9	88.1	20.3	73
コシヒカリ	998	5.07	619	23.9	72.7	23.9	82

ダイズ	収量 (Kg / 10 a)	莢数	総節数	1節莢数	100粒重 (g)	年次
オクシロメ	535	1,224	646	2.3	23.5	1979
オクシロメ	507	1,146	570	2.3	25.4	1980
スズユタカ	515	962	539	2.2	29.4	1981

* 粒数は，x 10,000 である．
　コシヒカリは，「コシヒカリ」農文協より伊那農協事例より．
　ダイズのは，土肥雑誌（1987）より新庄市事例より．

まで報告されたイネの多収事例は，長野県，富山県，秋田県が主で，約 1,050 kg である．

ダイズ品種のオクシロメやスズユタカで，515〜535 kg が報告されている．その収量構成要素は，表 1.3 のようである．

今までの最高収量は，ミヤギシロメで 780 kg を，また山形県最上分場で 649 kg の報告がある．山形県最上分場では，毎年 5 t/ha 以上のダイズ多収をえている．

4．増加技術とその後

緑の革命によって，一時的に飢えに対する人類の戦いは成功したかにみえた．しかし，その後の状況は以下の通りである．

（1）品種の固定化

日本の代表的穀物のイネ，ダイズ，ジャガイモについては，品種が固定する傾向にある．イネでは，3 割弱がコシヒカリ，ダイズでは 2〜3 割がエンレイ，ジャガイモでは 7〜8 割が男爵薯である．このような傾向は，イギリスのコムギやアメリカのダイズ・トウモロコシについてもいえるようである．

一度，品種が固定すると，7〜9 年間は変わらずに，その傾向が維持される．多くの場合，病虫害抵抗性との関係が深い．

現在，育種の分野では，良い品種や多収を示す遺伝子導入よりも，主に病虫害抵抗性を導入する過程がとられている．

（2）疲弊した土地

化学肥料の極端な使用によって，土壌中の微生物が減少し，土地がやせてきている．一方，多投して流れ出した窒素肥料による富裕化現象も伝えられている．有機物の投入や輪作体型を取り入れることによって，持続型農業が見直されている．しかし，一方ではこのような農業では急増を続けている世界の人口を養えないという考え方もある．

（3）農薬害

農薬による病虫害防除によって，農作物生産は飛躍的に増加した．しかし，一方ではそれらの作物を食べた小動物に奇形や人間への蓄積が報告され

ている．アメリカの生物学者レイチェル・カーソンによる「Silent Spring, 沈黙の春」は，農薬に対する人類への警鐘を伝えている．

（4）塩害

大規模な灌漑によって，地下水が長年に渡ってくみ上げられ，地表に塩が集積して，塩害が発生している地域がある．例えば，インドのパンジャブ州は，この良い例であるし，パキスタンやアメリカでも同様のことが報告されている．一度地表に塩が集積すると，再度作物栽培することは大変に難しい．

（5）水の人体への影響

現在，世界33カ国の約33億人の人達が，水不足などによって健康面で何らかの影響を被っていることが報告されている．21世紀になると，66カ国におよび，世界の約2/3の人達が影響を受けると推定されている．

5．地球の温暖化

（1）温室効果ガスと温暖化

地球の表面付近の平均気温は約15度である．これは，地球の大気中に，水蒸気，炭酸ガス（CO_2），オゾン（O_3），メタン（CH_4），亜酸化窒素，クロロフルカーボンなどが含まれ，太陽からの光を地表が反射して，特に赤外線を，これらのガスを含む大気が反射エネルギーを吸収して，地表温度を高めるからである．いわゆる温室効果（Green house effect）である．

炭酸ガス濃度は，一般に0.03％（300 ppmv）と考えられているが，じょじょに上昇して，360 ppmvになり，年間0.5％（1.5～2.0 ppm）の割合で上昇を続けている．地球の約2/3は海で，炭酸ガスは海に少しずつ溶け込み，珊瑚礁や石灰岩に変化している．現在，人類の排出する炭酸ガスの半分（約139億t，C換算で約38億t）を森や海が吸収し，他は大気にたまり（約121億t，C換算で約33億t）温室効果を引き起こしている．

人類は21世紀半ばまでに，エネルギー消費を減らして，炭酸ガス濃度を半分にしようとしている．1998年の京都会議で炭酸ガス濃度の削減が提案され，アメリカは7％，ヨーロッパは8％，日本は6％減らすことが決まっ

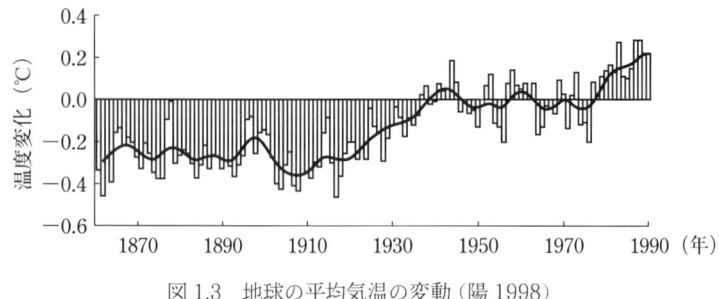

図 1.3 地球の平均気温の変動 (陽 1998)

た．ところが，アメリカは削減できないことを提案し，そのかわり消費の少ない国，例えばロシアから，削減分をお金で買うという排出権取り引きによって，まかなおうとしている．

その他の各ガスの年間上昇割合は，メタンでは 0.9％，クロロフルカーボンでは 4％ そして亜酸化窒素では 0.25％ である．

図 1.3 は，過去 150 年間の地表面の平均気温の上昇を示したものである．150 年間に気温は約 0.6 度上昇したことがわかる．2100 年には，温度が約 2 度上昇すると予測されている．こうなると，気候分布が約 1,000 km 南北に動くことが推定されている．

ただし，一方で，この気温上昇は自然変動による気温上昇の地理的パターンという考えもあり，これらの解明が待たれている．

（2）温暖化に伴う自然の変化

1980 年以後，気象災害が増加している．保険会社の一部では，企業投資を地球温暖化を抑える企業に向けようとしている．

2100 年には温度が約 2 度高くなり，その結果，海面が約 30～90 cm 上昇すると予測されている．最近になって，南極はこれからの 50 年間で 3～6 度上昇すると予測され，南極（南極大陸の面積は，日本の約 40 倍，オーストラリアの 1.5 倍である）の氷が急激な融解によって，15 feet 以上（450 cm 以上）の海面上昇が示唆されている．この結果，次のような自然の変化（Climate change）が考えられている．

① 1/3 の森林の生態系が変化する．

② 降雨特性が変わって，豪雨や渇水による干ばつ地域が出現する．
③ 極端な気温変動（エルニーヨ（El Nino）現象など）の地域が現われ，亜熱帯，熱帯では農作物が減少する．
④ 海水面の上昇で，洪水・高潮が起こり，陸地が沈む．海面が1m上昇することで，約1億2,000万人が被害を受ける．
⑤ 感染症，特にマラリヤの患者数が増加する．

6．これからの農業

　将来の農業は，土地流亡，塩集積，農業に対する不確かな要因，環境破壊などを考慮しつつ，できるだけ農業への投入を抑えながら，収量を現状レベルないし増加させようとする方向にいくであろう．

　農家は農業管理者の要素が強くなり，天候の変化とマーケットの穀物価格を気にするようになる．このためには高度の教育と技術（リモートセンシングやシュミレーションモデル）を学ばなければならない．

　これらのことから，コンピュータ化が農業分野でも重要な課題となるであろう．

参考資料および参考文献

朝日新聞 1995. 8. 10「戦後50年 第7部—「飢え」はやって来るのか」p. 7.

朝日新聞 1996. 8. 7「社説—地球人の世紀へ—飽食が自給率を下げる」p. 5.

朝日新聞 1996. 9. 8「社説—食料危機は今の問題だ」p. 5.

朝日新聞 1999. 4. 1「みんなのQ&A—大気中CO_2」p. 4.

朝日新聞 1999. 4. 3「温暖化，解明はこれから—CO_2の影響か自然変動か」p. 8.

内嶋善兵衛 1996.「地球環境と食料問題」農と園 71(1)：3～9.

Evans L. T. 1993. 'Crop Evolution, Adaptation and Yield' Cambridge.

Evans L. T. 1998. 日本作物学会国際シンポジウム(1) 農と園 74(6)：651～652.

NHKスペシャル 地球の豊かさの限界 第2集 大地はどこまで人を養えるか

コシヒカリ 1995. 農文協.

The New York Times, Sunday, March 7, 1999. 'Fiddling While Antactica Burns'.

高木善之 1999. 忍びよる食料危機 栄光教育文化研究所.

高木善之 1995. 迫りくる温暖化 栄光教育文化研究所.

日本土壌肥科学雑誌 1987. 58 (2) : 217 ~ 221.

日本農業年鑑 1999. 家の光協会 統計 p. 648 ~ 649.

星川清親「新編 食用作物」p. 26 養賢堂.

Borlaug N. E. 1996. Food Production, the Human Population Monster, and the Morale and Professional Responsibilitys of Agricultural Scientists. 北陸作物学会 31 : 70 ~ 80.

陽 捷行 1998.「温室効果ガスと土壌」農と園 73 (1) : 127 ~ 132.

第2章　地球上の生物と植物資源

1．地球上の生物種

(1) 地球生物と植物資源

　地球環境の保全，特に地球温暖化や砂漠化の防止に役立つという意味では，光合成を行なって二酸化炭素を吸収する特性を持つ地球上の植物はすべてが資源植物といえる．しかし，そのなかでも人間が生活に直接利用している植物を資源植物（useful plants, economic plant）と呼ぶ．食物，医薬，衣類，住居・生活用具，燃料，工業原料，飼料，観賞植物，緑肥，緑地や土地の保全などに利用している植物は地球上の植物種約30万のうち，資源植物は数万種にのぼる．

　図2.1から，地球の誕生が約50億年前，生命の誕生が約40億年前，その

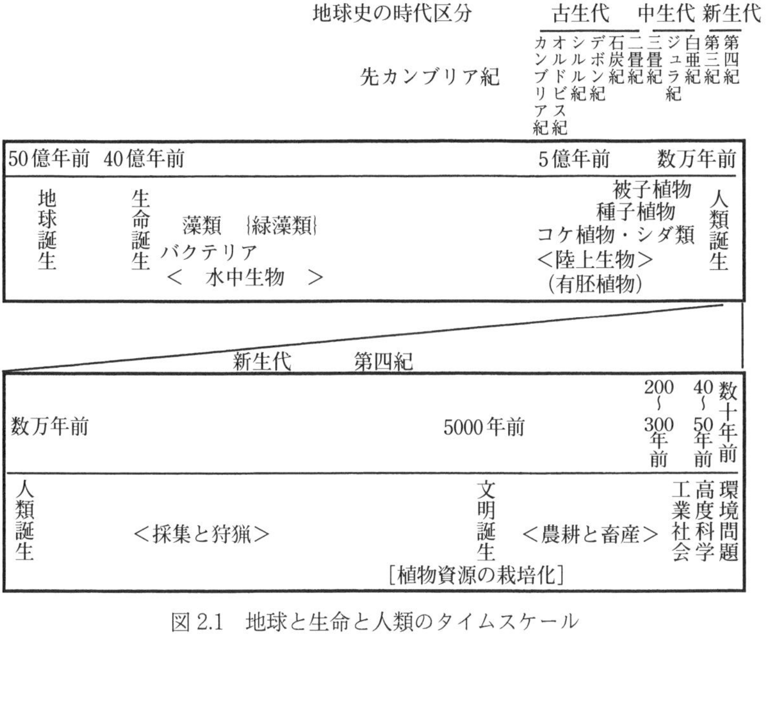

地球史の時代区分	古生代	中生代	新生代
先カンブリア紀	カンブリア紀／オルドビス紀／シルル紀／デボン紀／石炭紀	二畳紀／三畳紀／ジュラ紀／白亜紀	第三紀／第四紀

50億年前	40億年前		5億年前	数万年前
地球誕生	生命誕生	藻類　緑藻類　バクテリア　＜水中生物＞	被子植物／種子植物／コケ植物・シダ類　＜陸上生物＞（有胚植物）	人類誕生

	新生代　第四紀			
数万年前		5000年前	200〜300年前／40〜50年前	数十年前
人類誕生	＜採集と狩猟＞	文明誕生 ＜農耕と畜産＞ [植物資源の栽培化]	工業社会／高度科学	環境問題

図2.1　地球と生命と人類のタイムスケール

後数十億年かけてシアノバクテリアなどによるO_2放出が地球大気を嫌気から現在の好気組成に変え，その過程で種々の生物種の誕生・進化をもたらした．人類の誕生が数万年前，文明の誕生が約5000年前といわれているが，主要な資源植物である陸上の高等植物（菌類と藻類を除く）は約5億年ほど前の古生代オルドビス紀に水中生活をしていた緑藻類から進化してきたとされる．この時点で陸上植物は光合成組織としてのクロロフィルaとbを持ち，同化産物としてアミロースとアミロペクチンの混合物である「真正デンプン」を作り出すことを緑藻類から受け継ぎ，現在の「地球型陸上植物」として，太陽系の環境とマッチして進化，繁栄してきた．こうして，太陽の光の性質と地球大気層という環境が緑の野山，青い空という光景を広げているといえよう．また，地球生態系にあって，動物などの地球生命体は呼吸による活動エネルギーの生成および食物としての太陽エネルギーの利用をすべて一次生産者である緑色植物の光合成によるO_2の生成・放出および炭水化物の生合成による太陽エネルギーの固定に依存している．

資源植物は野生有用植物と栽培植物とに分けられる．

（2）野生植物の栽培化

人類が文明を持つに至ったのは農耕すなわち野生植物の栽培化が大きな役割を果たした．もちろんそれ以前から人間は果実やイモや野草を採集して食糧とし，火を燃やす薪などや生活用具にも植物材料を利用してきた（狩猟と採集の時代）．現在でも野生のままで人間に利用され続けている植物も多い．山菜やキノコ類，熱帯の原生林から切り出される用材の樹種や果実，さらには薬草などに多い．これらのなかからも近年の利用量の増大に応じて栽培化が進められているものがあるが，なかには栽培化に成功していないものもある．野生有用植物は種類も多く，将来の利用増大の可能性も秘めたもので資源植物として重要であるが，人間の利用の多くは栽培植物である．

農耕による文明の発生とともに急速に利用が広まったものが現在の主要な植物資源となっている．さらに，文明の発展や変化に伴って新たに資源植物化したもの，逆に資源植物の役割を終えて野生化や絶滅したものもある．

栽培植物とは人間によって栽培される植物で，農業上は作物（広義の作物，

crop plant）と呼ぶ（星川 1993）．作物は農業という生産業の素材であり，その植物として生育する性質を利用して目的器官を収穫する対象である．人は農業という生産の過程で作物を保護管理する．保護管理には様々な段階がある．中尾（1967，1977）は現存する半栽培植物の事例とその特性を表 2.1 のように紹介している．

また，栽培種が雑草ともなる事例はよく見られる．やや細かく例えていうと，イネの赤米種は休眠性の強いものがあり，野草の性質を多く持っている．白米用のイネを栽培する水田に発生してくると収穫米に混入して白米の品質を落とすので，防除対象の雑草となる．しかし，赤米自体を栽培すればそれは作物である．また，品質が厳しく扱われ，栽培技術が高度化してきた現在と違って，つい数百年前までは水田には草丈や熟期や粒の色までが違う個体群が渾然と栽培されていた．

作物の栽培化の起源は今から約 1 万年前の最後の氷河期の終わりからの定住生活の開始とあいまったのであろう．採集してきた野生有用植物の種子や食べ残しから定住地の近く（排便やごみ捨て場）で発芽や再生した植物の再利用が作物として栽培することの出発点になったと考えられる．しかしこの

表 2.1　代表的な半栽培植物の例とそれらの特性

アメリカマコモ（北アメリカ）	1. 川筋に播いて増水期収穫する． 2. 自分の土地に播いたものを刈り取る． 3. 完熟 2～3 週間前に稔を結び合わす．
パラゴムノキ（南アメリカ）	1. 油分の多い種子を集めて食用に供していた． 2. 現住民の居住跡付近に変異株が多い．
ウスリーナシ（北朝鮮）	1. 川岸や道端に自生するものはダイズぐらいの果実を着生する． 2. 宅地付近の畑のなかに残ったものはピンポン球ぐらいの果実を着生する． 3. 改良種は中国北部で栽培梨となった．
ルデラル型サトイモ（東南アジア）	1. 人家付近の溝や池の周りに生育． 2. 色素などに変異がみられる． 3. 葉柄を食用にするが，主に牛の飼料． 4. イモはエグ味が強く，食用にならない．

中尾（1967，1977）による

時点では，せいぜい所有権を主張する程度の保護であったと思われ，その後，数千年をかけて，土地に種子を播いたり，より収穫物が多くなるように除草や灌水などの管理をすることとなって栽培化が始まったと考えられる．

現在世界で栽培されている作物が多くの野生植物のなかから選ばれるには二つの条件があった．一つは人間の食糧やその他として有用であること．もう一つは，その植物が栽培という人間の行為に適応する性質を持っているこ

表2.2 栽培起原8地域と主要作物

1. 中国北部地域
   キビ，ヒエ，ダイズ，アズキ，ゴボウ，ワサビ，ハス，クワイ，ハクサイ，ネギ，ナシ，アンズ，クリ，クルミ，ビワ，カキ，ウルシ，クワ，チョウセンニンジン，ラミー，タケノコ

2. 中国雲南・インド北部（含 東南アジア）地域
   イネ，ソバ，（ハトムギ），ナス，キュウリ，ユウガオ，（サトイモ），ナガイモ，ショウガ，シソ，タイマ，ジュート，コショウ，チャ，キアイ，（シナモン），（チョウジ），（ナツメグ），（マニラアサ），（サトウキビ），（ココヤシ），（コンニャク），オレンジ，シトロン，ダイダイ，（バナナ），（マンゴー）

3. 中央アジア地域
   ソラマメ，ヒヨコマメ，レンズマメ，カラシナ，アマ，ワタ，タマネギ，ニンニク，ホウレンソウ，ダイコン，ピスタチオ，バジル，アーモンド，ナツメ，ブドウ，モモ

4. 近東地域
   コムギ，オオムギ，ライムギ，エンバク，ウマゴヤシ，ケシ，アニス，メロン，ニンジン，レタス，イチジク，ザクロ，ベニバナ，リンゴ，サクランボ，テウチクルミ，ナツメヤシ，アルファルファ

5. 地中海地域
   エンドウ，ナタネ，キャベツ，カブ類，サトウダイコン，アスパラガス，パセリ，セルリー，ゲッケイジュ，ホップ，オリーブ，シロクローバ

6. 西アフリカ・アビシニア地域
   テフ，モロコシ，トウジンビエ，コーヒー，オクラ，スイカ，アブラヤシ，ヒョウタン，ゴマ，シコクビエ

7. 中央アメリカ地域
   トウモロコシ，サツマイモ，インゲンマメ，ベニバナインゲン，カボチャ，ワタ，カカオ，パパイヤ，アボガド，カシュウナット

8. 南アメリカ地域
   ジャガイモ，センニンコク，タバコ，トマト，トウガラシ，セイヨウタンポポ，ラッカセイ，イチゴ，パイナップル，キャサバ，ゴム

De Candolle (1883), Vavilov (1926), Harlan (1975) らによる成果をもとに，さらに近年の研究をも加えて編成（星川 1993）．

とである．また，作物の起源した地域に関する DeCandole (1883), Vavliov (1928) の研究でほぼ明らかにされているが，作物の起源地はほぼ世界の8地域に局限されている（起源中心地）．これら地域のほとんどが砂漠や山岳地帯によって隔離されていることから，古代に各地域ごとに独立的に作物化されたと推測される．これらはいずれも古代文明の発祥地と重なり合っている．一方，アジアモンスーン地帯のように植生が極めて豊富で，植物の生産力も高いところに起源した作物が少ないことは興味があるところでもある．また，現在でもイネの起源について「揚子江」起源説のように新しい研究成果が得られ，古代文明の歴史も変えられるかも知れないという興味のつきない分野でもある．

起源中心地は必ずしも現在の栽培中心地とはなっておらず（表 2.2），むしろ遠く離れたところが現在の栽培隆盛地となっているものの方が多い．これには作物としての発達や伝播，伝播先の環境に対する作物の適応性や民族の生活などとかかわっている．

（3）作物の伝播

作物は一地域から世界へと，民族の移動などいろいろの人間活動に伴って伝播していった．例えば，シルクロードは，作物の伝播にとっても一つの架け橋であった．

中世（15 世紀末）に入ると，新大陸の発見に伴って，中南米起源の作物が，大航海によってヨーロッパやアジアに伝播した．トウモロコシ，ジャガイモ，サツマイモやタバコなどがその代表である．一方，アメリカへはヨーロッパの移民によっていろいろの作物が導入された．

作物の移動に伴って，その土地により適合し，品種分化した作物も多く見い出されるようになった．コムギを例にとれば，現在，中近東よりも西欧，北アメリカ，オーストラリアが主産地となっている．

第2章 地球上の生物と植物資源

2．世界人口を扶養する作物資源

(1) 人口増加と植物生産

世界人口は1800年代に10億人を越えるが，その後の100年間で2倍になって1950年頃に25億人を越えた．さらにその後は加速度的に増え，現在では50億人を越えた．

17世紀後半にイギリスの経済学者トーマス・マルサスは食糧の潜在生産力には限界があるので人口を抑制すべきと主張した．たしかに，16世紀のヨーロッパが20歳まで生き延びることができるのはわずか30％で人口の増え方が緩やかであったのが，17世紀の産業革命で人口が増え，私有農場制における輪作と堆厩肥の利用という新しい農法の発展によって食糧供給が充足してきたことが人口急増を支えたが，一方でジャガイモの疫病による凶作で大飢饉も発生した．そのようなことでマルサスは食糧生産は人口増加に追いつかないと結論した．しかし，その後医学の進歩によって死亡率が低下して人口が増加したが，産業革命後の工業化と科学技術の発展はそれに見合う食糧生産の増大を実現した．最近半世紀の人口2倍化の増大についても食糧生産はほぼそれに見合って増大した（表2.3）．ここでも工業化と科学技術の進展

表2.3 世界の植物生産量

種類	1961～65年の平均 (A) 1,000t	1988年 (B) 1,000t	$\frac{B}{A}$比率
穀物	989,000	1,743,000	176.0
豆類	42,000	55,000	131.0
イモ類	493,000	571,000	115.8
野菜	―	426,000	―
果物	462,000	334,000	72.3
油量作物	113,600	197,000	173.4
糖料作物	57,000	103,000	180.7
嗜好料作物	11,200	16,700	149.1
繊維作物	15,000	24,000	160.1
ゴム料作物	2,200	4,700	213.6

FAO Production Yearbook Vol. 15～19, 42 (1988) をもとに作製 (星川 1993).

2. 世界人口を扶養する作物資源 (19)

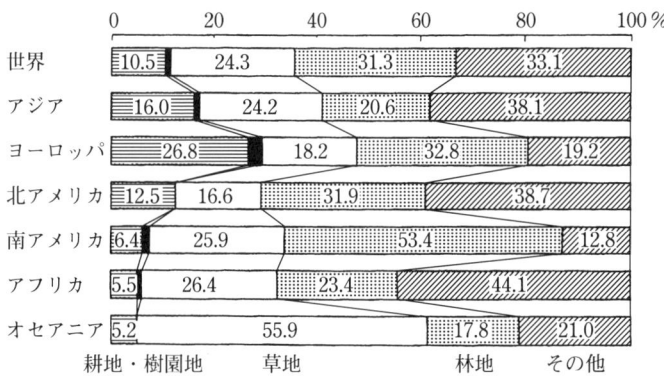

図 2.2 世界の土地利用（1981）
（FAO Production Yearbook 1982）（星川 1993）

がそれを支えた．すなわち，可能な農地の拡大やエネルギー，肥料，農薬の投入による土地生産性の向上であった．現在，地球上の農地として利用可能な土地はほぼ利用されている（図 2.2）．

今後の人口増加と食糧生産の課題にはこれまでと異なる局面が生じてい

表 2.4 発展途上国と先進国における最近の農業動向
（脚注に示したものを除けば 1988 年に対するデータ）

項目	単位	途上国	先進国
総人口	100 万	3,879	1,235
相対成長率[1]	1 / 年	0.021	0.007
農業従事者	%	60.8	9.1
農耕地[2]	ha / 人	0.21	0.55
子実収量	t / ha	2.26	3.90
放牧地[2]	ha / 人	0.51	1.02
穀物生産量	MJ / H / 人	11.45	28.74
穀物輸入（輸出）量[3]	MJ / H / 人	0.74	－2.51
食糧供給量[4]	MJ / H / 人	10.3	14.1
畜産物[4]	%摂取食糧エネルギー	8.8	30.2

注： [1] 1975～88
　　 [2] 1987
　　 [3] 1986，プラスは輸入，マイナスは輸出
　　 [4] 1984～5，食卓への供給
出典：FAO の生産年報と FAO 貿易年報より（星川 1993）．

る. 南北問題と地球環境問題である. 南北問題は北の先進工業国の方が人口増加が少なく食糧生産も余剰であるが,近年の人口急増地である南では飢餓輸出といわれるように, 食糧が不足しているにもかかわらず外貨獲得のために食糧や工業原料植物の生産を行なっていることである (表 2.4). 一方, 北では過剰なエネルギー, 肥料, 農薬の投入が農地や地球環境の汚染を進め,

表 2.5 日本の主な植物生産, 面積と年生産量 (1990 年)

種類	生産面積 (1,000 ha)	生産量 (1,000 t)
イネ	2,074	10,499
コムギ	260	952
オオムギ	107	346
サツマイモ	61	1,402
ジャガイモ	111	3,614
ソバ	0.3	20
ダイズ	146	220
アズキ	66	118
コンニャク	11	86
イグサ	9	96
タバコ	31	74
チャ	59	411
ダイコン	62	2,448
ニンジン	24	685
ハクサイ	30	1,334
キャベツ	41	1,623
ホウレンソウ	28	378
ネギ	24	542
タマネギ	28	1,269
ナス	18	567
トマト	15	773
キュウリ	21	975
スイカ	23	764
レタス	23	521
ミカン	79	2,015
ナツミカン	9	201
リンゴ	50	1,075
ブドウ	25	275
カキ	26	208
クリ	35	40
牧草	838	34,060
森林	25,105	30,515 (m^3)

農林水産省, 農林水産統計 1991 による (星川 1993)

南の営利的なプランテーションや在来作物から原料作物への転換によって森林伐採や砂漠化など農地の改廃が進行している.

今後の世界人口の増加に見合った食糧生産には環境と調和した持続型農業による生産力の向上がキーポイントとなっている.

(2) 日本の植物生産

日本の国土3,778万haのうち,農耕地が468万ha,永年採草地が64万ha,合計532万haで国土の約13％である.森林は国土の67％もあって,その大部分が人工二次林である.このように国土面積の80％が広い意味での植物生産に利用されている(表2.5).しかし,農業の粗生産額はGDPのほぼ2％で水稲と一部の園芸作物に特化していて,「工業立国」の施策の下でその潜在生産力を十分に発揮していないという先進国でも奇異な特徴を示している.その結果,食糧のカロリー自給率や穀物自給率の極端な低下や森林資源の荒廃など様々な問題を所有している.また,エネルギーや肥料,農薬の投入による環境負荷は先進国中でも深刻な状態にある.これらの課題を解決しながら,世界の人口と食糧生産および環境問題解決に取り組むことが日本の植物生産の大きな責務である.

3. コメとコムギとトウモロコシ

(1) 栽培植物(作物)の分類

作物は栽培形態,用途などによって図2.3のように分類される(作物学的

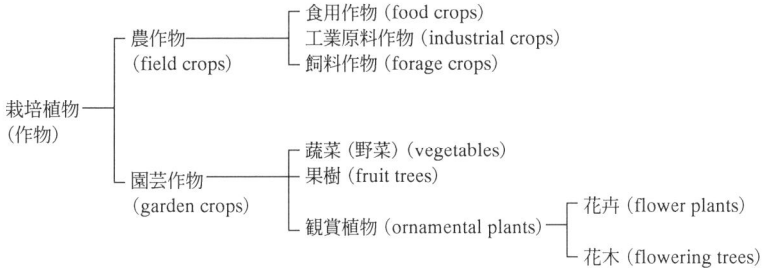

図2.3 栽培植物(作物)の分類

分類）．まず，土地利用規模および栽培の精粗によって農作物と園芸作物とに分ける．農作物は土地利用型の比較的大規模で粗放的に栽培される作物である．園芸作物は園地に小規模で集約的に栽培される作物で，先進国では施設化の進行も特徴としてあげられる．

農作物はさらに，主として人間の用途に応じて，コムギ，イネ，ジャガイモなど人間のカロリー供給の主体で主食となる食用作物，砂糖，油脂，繊維や茶，コーヒー，タバコなど嗜好品などの原料となる工業原料作物，さらに家畜の餌となる飼料作物とに大別される．世界における栽培面積や生産量からみると，食用作物および飼料作物が突出して多い．特に，コムギ，イネ，トウモロコシは三大作物である．

園芸作物は食用として人間に必須なビタミンやミネラルの供給源となる蔬菜（野菜）や果樹と，生花，鉢物，花壇などに利用される花卉や花木，さらに庭園植物などに分けられる．

このほか，肥料として利用される緑肥作物，公園緑地やゴルフ場，さらには道路などの法面保護の地被植物として利用する芝生用植物（芝草），また生薬などの薬品の原料となる薬用植物がある．

生産された作物の用途は決して固定的なものではない．例えば，ダイズはわが国では従来から食用として様々な用途に利用（ダイズの利用を参照）するために栽培されてきたが，現在では輸入ダイズを主として約80％が油の原料となり，搾り滓は飼料や醤油他の食品原料としても利用されている．このダイズは未熟な莢が収穫されて枝豆として利用されると野菜として扱われる．トウモロコシも食用やデンプン原料や野菜として利用されるとともに，子実が完熟する前に葉や茎と一緒に収穫して他の飼料作物とともにサイロに貯蔵して家畜の餌（サイレージ）としても多く利用される重要な飼料作物である．このように，作物はそれぞれが一つの植物種であってもその用途に応じて様々に分類されている．それにはそれぞれの役割，機能などの特徴を発揮する品種が用いられている．

（2）食用作物

食用作物は主として人間の主食あるいはそれに準ずる食糧となる作物で，

3. コメとコムギとトウモロコシ

表2.6 主な食用作物の種類と分類（星川 1993 年より改）

和名	英名	学名
1. 禾穀類（cereals）		
イネ（稲）	rice, paddy raice	*Oryza sativa* L.
コムギ（小麦）	wheat	*Triticum aestivum* L.
トウモロコシ（玉蜀黍）	maize, corn, Indian corn	*Zea mays* L.
オオムギ（大麦）	barley	*Hordeum vulgare* L. emend. Lam.
エンバク（燕麦）	oats	*Avena sativa* L.
ライムギ（黒麦）	rye	*Secale cereale* L.
モロコシ（ソルガム）（蜀黍）	sorghum	*Sorghum bicolor* Moench
アワ（粟）	foxtail millet, Italian millet	*Setaria italica* Beauv.
ヒエ（稗）	Japanese millet, barnyard millet	*Echinochloa frumentacea* Link
キビ（黍）	millet, common millet	*Panicum miliaceum* L.
シコクビエ（（龍爪稷）	finger millet	*Eleusine coracana* Gartner
トウジンビエ（唐人稗）	pearl millet	*Pennisetum typhoidum* Rich.
2. イネ科以外の穀類		
ソバ（蕎麦）	buck wheat	*Fagopyum esculentum* Moench
3. 豆類（pulses）		
ダイズ（大豆）	soybean	*Glycine max* Merr.
アズキ（小豆）	adzuki bean	*Vigna angularis*
インゲンマメ（菜豆）	kidney bean	*Phaseolus* L.
ラッカセイ（落花生）	peanut, groundnut	*Arachis hypogaea* L.
エンドウ（豌豆）	peanut, garden pea	*Pisum sativum* L.
ソラマメ（蚕豆）	broad bean	*Vicaia faba* L.
ササゲ（豇豆）	cowpea	*Vigna sinensis* Endl.
リョクトウ（緑豆）	mung bean, green gram	*Vigna radiata* R. Wilczek
4. イモ類（tuber crops）		
サツマイモ（甘藷，薩摩芋）	sweet potato	*Ipomoea batatas* Lam.
ジャガイモ（馬鈴薯）	potato	*Solanum tuberoum* L.
キャッサバ（木薯）	cassava, manioc	*Manihot esulenta* Crantz
タロイモ	taro, cocoyam	*Colocasia* spp.
ヤムイモ	yam	*Dioscorea* spp.

炭水化物やタンパク質や脂質として供給され，エネルギーや体構成の原料となる．世界で200種ほど栽培されているが，日本では40種ほどが栽培されている．これらは禾穀類，豆類，その他の穀類，イモ類，その他に分けられている（表2.6）．

食用作物はその特性から，まず穀類，イモ類，その他の三つに分けられる．穀類は成熟した子実が収穫されて水分10〜15％まで乾燥して貯蔵・利用できる．

穀類はさらに禾穀類（イネ科穀類），豆類（マメ科穀類），その他に分けられる．これらは植物分類上のわずかの科にかたよっている．禾穀類は穀類の内でも主要なもので，イネ，コムギ，トウモロコシは作付面積，生産量とも多く，世界の三大作物といわれる．イネ科穀類はその穀粒（頴果中の主として胚乳のデンプン貯蔵組織）を利用する．

豆類はすべてマメ科に属し，一般にタンパク質含量が高く，禾穀類がデンプンを主体とするエネルギー供給源であるのに対して，栄養上重要な役割を果たしている．また，脂質含量の高いものは植物性油脂の原料としても利用されている．

イモ類は双子葉植物を主に種々の植物があるが，いずれも肥大して栄養を蓄積した地下部を収穫する．デンプンを集積するものが多く，単位面積当たりカロリー収量が多く，成熟期以前でも収穫できて台風などの災害にも強い．しかし，水分が多く，萌芽があって長期貯蔵に向かない．

（3）イネ科の特徴とイネ，コムギ，トウモロコシ

イネ科は被子植物の単子葉植物綱，ツユクサ亜綱，イネ目に分類するのがよい．イネ科は約600属，5,000種とされ，熱帯から寒帯にかけて広く分布しており，個体数も極めて多い．イネ科は地球上で最も繁栄している植物群で，進化の先端にある植物群でもある．主要な作物がイネ科なら，主要な雑草もイネ科である．

a．イネ科の葉，茎の構造（図2.4）

イネの葉は14〜17枚，コムギは9〜14枚である．葉は互生する．最初に白色の鞘葉が出，その後第1葉（不完全展開葉）から順次に抽出する．ただ

し，コムギは第1葉から，葉身が展開し発達している．最上位の葉を止葉（flag leaf）という．葉身，葉鞘，葉耳，葉舌よりなる．葉は平行脈で，中央脈が突出し，中肋（midrib）と呼ぶ．切った葉を空気中に置いておくと丸く縮

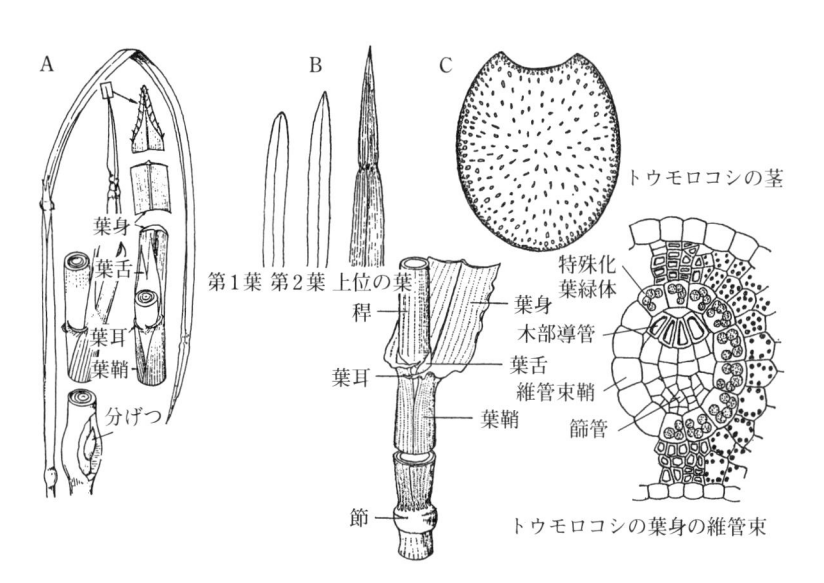

図2.4 イネ（A），とコムギ（B）とトウモロコシ（C）の茎葉の形態（星川）

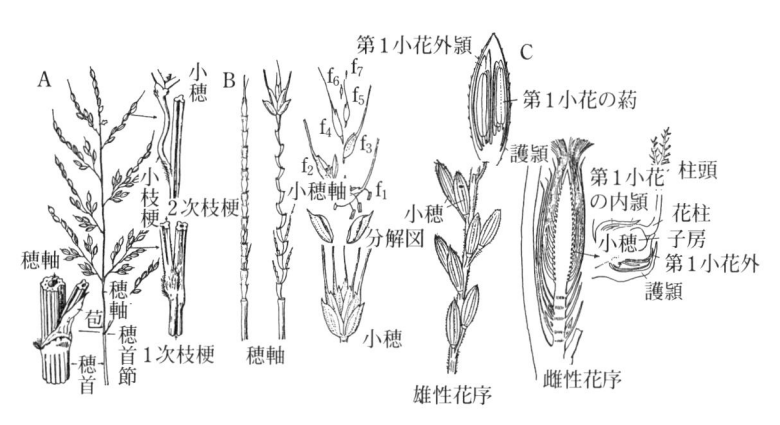

図2.5 イネの穂（A），コムギの穂と小穂（B）およびトウモロコシの雌雄花序（C）の構造　f_{1-7} は小花（星川）

まるが，これは機動細胞の働きによる．分げつがよく発達し，最大約130本ほどになる．

トウモロコシの葉は大きく，葉縁は波状をなす．C_4植物で，維管束鞘がよく発達している．分げつは少なく，ないものも多い．

イネ科の茎は稈（culm）と呼び，節と節間からなる．イネやコムギでは通常，上位の4～6節間が伸長し，下位の不伸長茎部から分げつおよび冠根を発生する．また，伸長節間の稈内は髄腔が発達して中空である．トウモロコシは下位2～3節から順に伸長して下位節からは支持根という気中根を発生し，稈内には髄が発達して中空とならずに維管束が散在する．

b．イネ科の花の構造（図2.5）

イネの穂は，複総状花序である．穂軸に8～10の枝梗があり，それぞれに，小穂が着く．1小穂に1小花（頴花）が着生し，1穂に80～150粒が着く．穂首節には，一般に葉は無く，たまに包葉のみられる場合がある．頴花には6本の雄蕊と1本の雌蕊がある．

コムギの穂は複穂状花序で，穂軸は約20節からなり，各節に小穂が互生する．1小穂に5～7小花が着生するが，肥大は下方の2～3小花である．

トウモロコシは，雌雄異花序で，雄花序（雄穂）は茎の頂端に，雌花序（雌穂）は葉腋に発達する．雌穂の軸は，長円すい形で，この上に小穂がつく．花柱，柱頭は長い糸状の絹糸として，開花時に抽出する（絹糸抽出期，silking）．

c．イネ科の胚と胚乳（図2.6）

イネは外頴と内頴により包まれており，先端に芒のあるものもある．玄米

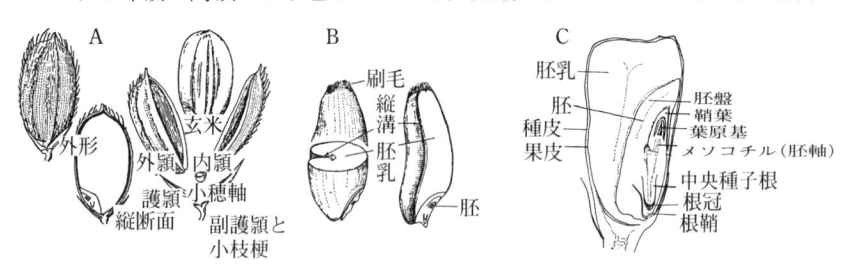

図2.6　イネの籾（A），コムギの頴果（B）とトウモロコシの粒（C）の構造（星川）

は，子房の発達したもので，果実に相当し，基部の外頴側に胚がある．胚乳の大部分は複粒のデンプン貯蔵細胞であるが，外側に数層の糊粉細胞（タンパク質，脂質に富む）がある．

コムギの粒は，大体楕円形で，背側に縦溝があり，基部に胚がある．胚乳内部は単粒のデンプン貯蔵細胞が配列し，粉質によりガラス質と粉状質に区別される．ガラス質粒は，パン用に適する強力粉となる．

トウモロコシの粒は，一般に黄白色で，大きさは約1cmである．胚は全粒重の約10％で，幼植物原基はよく発達し，第5～6本葉まで分化している．

d．イネの栽培（図2.7）

① 播種

日本のイナ作は移植栽培が一般的である．苗代半作といわれ，苗を育てることが重要となる．一般には稚苗をもちい，機械移植する．稚苗は草丈が約12cmで葉齢が3.0～3.5葉で，育苗日数が約25日である．

② 田植え

移植時期は4月下旬から5月中旬が多い．栽植密度はm^2当たりで90本で，20～22株に分けて植えられる．施肥量は窒素成分で10a当たり約10～12kgである．肥料を基肥と1ないし2回の追肥に分けて与える．

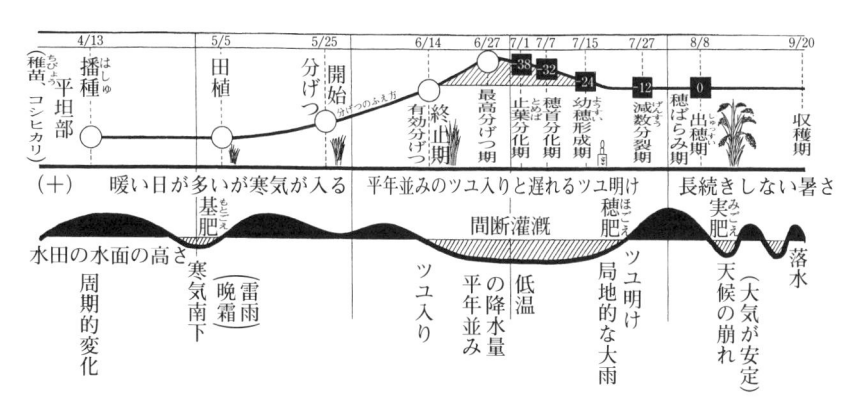

図2.7　イネの生育と水管理（新潟県）

③ 分げつ

移植後苗が活着すると，分げつを開始する．分げつのすべてに穂ができるわけでなく，穂のできるものを有効分げつ，できないものを無効分げつという．

④ 出穂

出穂の約1カ月前から穂の原基が形成される．この時期はイネにとって最も重要な時期である．特に，花粉の減数分裂期には環境の影響を受けやすく，低温による被害の一つに冷害がある．

⑤ 収穫

出穂後35〜40日で一般に収穫期を迎える．籾殻の大部分が黄変した時期が刈り取りの適期である．コンバインで刈り取るとき，イネが倒れている（倒伏，lodging）と損失が大きい．収穫後に機械乾燥をする．

⑥ 水管理

生育初期は環境の影響を受けやすく，しばらくはやや深水で栽培する．その後，浅水栽培し，6月中旬ごろより根の活力を高めるために，間断灌漑を行なうか中干しを行なう．穂がかなり大きくなってから，また深水にする．出穂後25日をめどに落水する．

⑦ 加工

コメはいろいろの食品に利用されている．冷凍加工食品をはじめとして，米菓，餅，日本酒など，最近ではコメをもとにしためん類やパンなども作られている．

e．コムギの栽培と加工

播種期は，北の方で9月，南の方で11月である．イネに比べて肥料の効果が大きい．播種には，1〜2条播き，ドリル播き，全層播きなどがある．一般に，秋播くので低温障害に注意する．

コムギの粉質（タンパク質含量）によって，スパゲッティ，パン，めん，ケーキ用に分けられる．日本のコムギは，タンパク質含量が低く，一般にめん用である．

f. トウモロコシの亜種と栽培・利用

トウモロコシの粒内には硬質デンプンと軟質デンプンまたは糯性デンプンが蓄積するが，その粒内分布の差異によって品種群（亜種）に分けられる．馬歯種（dent corn）は飼料作物（穀実用，ホールクロップ用）やコーンオイル原料，硬実種（frint corn）はコーンスターチや粒食用，甘味種（sweet corn）は生食や缶詰用，爆裂種（pop corn）はポップコーンとして加工，利用される．その他に，軟粒種や糯種がある．

4．豆　類

（1）ダイズ

和名　　ダイズ，オオマメ．　　　英名　soybean.
学名　　Glycine max L. Merill　　漢名 大豆.　　2n = 40.

a．分類，起源，伝播

ダイズの原型はノマメ（別名ツルマメ）とされている．中国が原産地とされている．ヨーロッパには 18 世紀に，アメリカには 19 世紀に伝播した．

b．生産

世界の総生産量は，14,703 万 t で，ブラジル，アメリカ，中国が主要生産国である．日本は 15.8 万 t で，北海道がその内の約 30 % を占めている．

c．形態

① 種子

90 % が子葉を含む胚である．吸水は主に臍近くの珠孔である．

② 葉

一般には 3 複葉で，葉序は 2/5 か 1/2 である．葉は 2 層の柵状細胞と 2～3 層の海綿状細胞，その間にパラベイナル細胞がある（図 2.8）．

③ 葉枕

葉柄の基部にあり，比較的若い時期に就眠運動をする．

④ 茎

主茎節数は 14～15 で，各節に 1 枚の葉と側芽をつける．日本での栽培は主に有限生育型である．分枝は中下位節より発生する．分枝の性状や草丈に

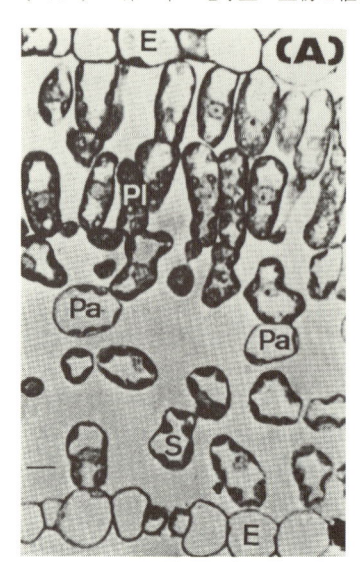

図2.8 ダイズ初生葉の横断面
E 表皮, Pl 柵状組織, Pa パラベイナル細胞, S 海綿状組織

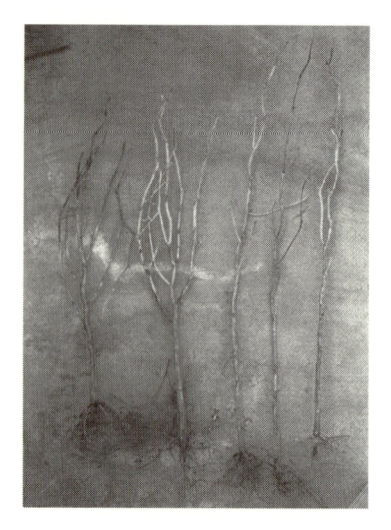

図2.9 栽植密度を違えた場合の分枝の出方の違い
左 疎植, 右 密植

よって, 5型に分類されており, 図2.9はその内のラケット型を示す.

⑤ 根粒（図2.10）

第1葉の展開頃に, 根粒の着生が認められるようになり, 空中の窒素固定を開始する. 最大の固定は開花期頃である. 根粒の酸素消費量は根の5～7倍と高い. 根粒をつぶした時に, ピンク色をしていれば活性があるが, 緑色になると固定活性はとまる. 寿命は1～2カ月である. 多数の根粒をつけるスーパーノジュレイション種という突然変異種がある.

⑥ 花（図2.11）

蝶形花で, 短日条件で開花する. 開花は主に午前中で, 自家受精である. 開花後1週間目頃が開花盛期である. 開花の20～80％は落花する.

d. 生理・生態

① 生態型

夏ダイズ, 中間ダイズ, 秋ダイズの分類と, 開花までの日数（I-V型）と結

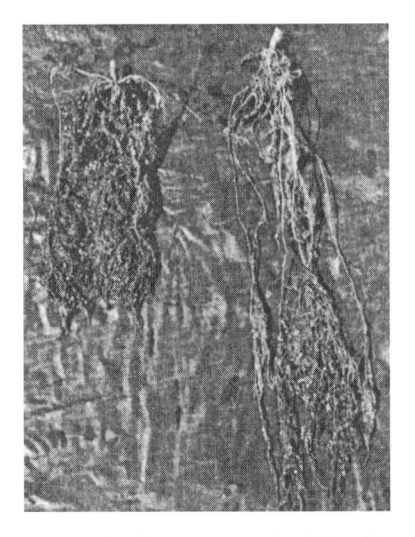

30 cm区（左）と60 cm区（右）の根の発達の様子

図2.10 地下水位の違いによる根の発達の様子

図2.11 ダイズの花

実日数（a, b, c型）の点から分類したものがある．

　②温度

　平均積算温度は1,900〜2,200℃で，結莢歩合は夜温が20℃で最も高い．

　③物質生産

　散光の占める割合が大きくなると，中下位葉の葉面照度が上昇し，群落光合成速度も大きくなる．全乾物重は，開花期までにその30％が形成され，それ以後の増加が著しい．

　④土壌水分

　開花はじめから黄変期までに約80％を吸う．開花前の水分不足では，節数や分枝数の減少が，開花後には開花数の減少で収量が減る．

　⑤肥料

　全窒素吸収量に対して固定窒素の寄与率は約80％である．追肥には尿素の葉面散布が行なわれる場合がある．根粒固定のアラントイン態窒素は，施与窒素よりも種子に効率よく吸われる．

e．栽培

①種子の準備

ウイルス病などの種子をのぞく．長葉系統が丸葉系統に比べて罹病率が高い．

②播種

5, 6月である．晩植の時は栽植密度を高める．出芽時に鳥害を受けることが多い．10 a で約 300 kg をとるためには，栽植密度を m^2 当たり 16〜25 株にする．

③施肥

10 a 当たり $N : K_2O : P_2O_5$ をそれぞれ約 2 : 8 : 6 kg と，石灰を約 20 kg 施与する．根粒菌の接種が収量に大きく影響する．

④除草

初期の除草が行なわれれば，葉が畦間を覆いその後の雑草の発生が抑えられる．

⑤中耕．培土

播種後約 1 カ月後に行なう．不定根の発生をうながして，養水分の吸収と根粒の窒素固定を活発にする．

⑥収穫

莢の 80〜90 % が黄変した時で，振って音のする時期が適期である．コンバインによる収穫には，耐倒伏性が強いこと，裂莢による損失の少ないこと，着莢位置の高いことなどがあげられる．

f．輪作

3〜4 年目から減収がみられる．ムギ類-ダイズ-ジャガイモやテンサイなどの根菜類のような作付を行なう．

g．利用

種子中に，タンパク質が約 38 %，脂質が約 18 %，糖質が約 32 % 含まれている．納豆，味噌，黄な粉，煮豆，豆乳とこれからつくるゆば，豆腐などにつかわれており，畑の肉と称されている．

（2）ラッカセイ

和名　　ラッカセイ，ナンキンマメ，ジマメ．　英名　peanut, ground nut.
学名　　Arachis hypogaea L.　漢名　落花生，南京豆，地豆．　　$2n=40$.

a．分類，起源，伝播

ラッカセイ属には15種あり，このうち3種のみが1年生で，A. hypogaeaのみが栽培種である．原産地はブラジルと考えられている．7～9世紀に南米からアフリカや北米に伝播し，18世紀初頭に日本に入ってきた．

b．生産

世界の総生産量は，3,017万tで，アジアが約60％を生産し，中国，インド，アメリカ，ナイジェリアが主要生産国である．日本は約3万tを生産し，千葉，茨城，宮崎，鹿児島県が主要生産県である．

c．形態

①葉

葉は2対の羽状複葉で，2/5の葉序でつく．暗黒条件下では，対になっている小葉が閉合し，光があたると開く睡眠運動をする．葉内の柔組織には貯水細胞があり，長期の乾燥に耐える（図2.12）．子葉の出芽は，地上型と地下型の中間を示す．

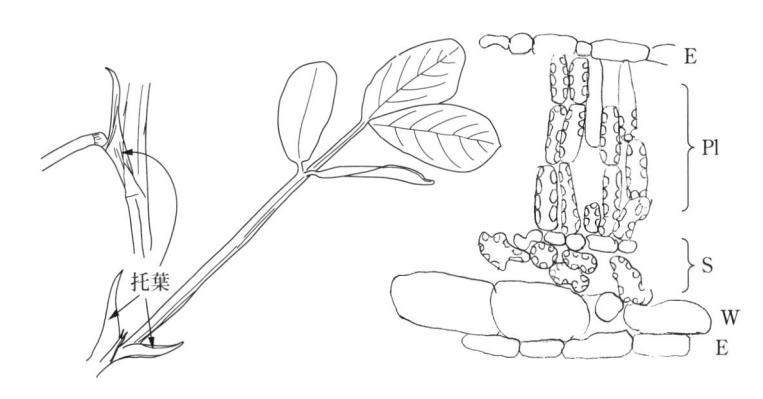

図2.12　ラッカセイの複葉とその横断面
E 表皮，Pl 柵状細胞，S 海綿状細胞，W 貯水細胞

② 花（図2.13）

花は生殖枝の葉腋に数個ずつつき，橙黄色の蝶形花である．花の基部の子房と花托の間の子房柄が伸びて地中で莢をつける．莢の部分は暗黒条件が必要である．開花期間は約2カ月で，1日に平均で5～6花咲き，1株開花数は約300である．開花は朝の6時ごろで，葯の裂開はその数時間前に終わり，自家受精である．結莢率は全開花数の約10％にすぎない．

③ 茎

主茎節数は20～30節である．分枝の伸び方により立性と匍匐性とがある．分枝に栄養枝と生殖枝とがある．

④ 莢

維管束は隆起して網目状となる．弾力性に富み，内部の種子を保護している．発育中はこの殻から土中のCaや養水分を吸収するが，体内への移行はみられない．

⑤ 根（図2.14）

表皮細胞が無いために根毛が無く，吸水は主に皮層細胞で行なっている．4原型で，支根は規則正しく4列に並ぶ．根粒の着生位置は支根の根元付近である．

d．生理・生態

① 生育と環境

高温・多照と適度の雨量の気候によく生育する．生育期間は5～6カ月で，

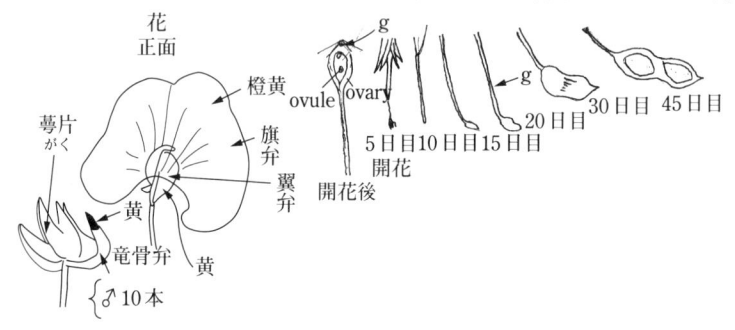

図2.13　ラッカセイの花と莢のでき方
g　子房柄

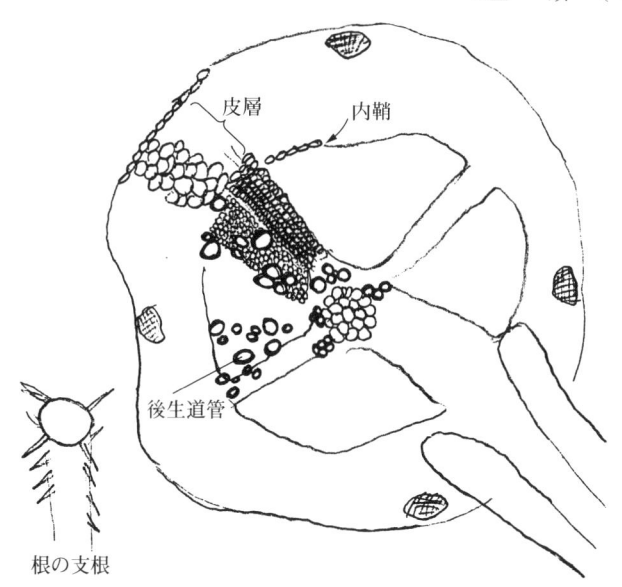

図 2.14 ラッカセイの根

(図中ラベル：皮層、内鞘、後生道管、根の支根)

生育適温は25～27℃である．生育積算温度は，小粒種で2,850℃，大粒種で3,300～3,400℃である．

②土壌

排水が良く，有機質を適度に含んで膨軟であり，さらに石灰質を多く含む砂質土がよい．

③光

莢の部分に短期間でも光があたると，結莢開始が阻害される．

④石灰

結莢には石灰が必要であり，莢に蓄積されるが，体内への移動はし難い．

e．栽培

①施肥

最適pHは5.8～6.2である．莢の生長に石灰が必要である．カリ肥料を多く必要とし，10a当たり$N:K_2O:P_2O_5$をそれぞれ4:15:8 kgを施与する．根粒菌の接種は，立性のスパニッシュ系には効果があるが，匍匐性には

効果がみられない．

②播種

適期は4，5月である．むき豆では，2年目に発芽歩合が半分になる．

③中耕，土寄せ

子房柄が地中に侵入しやすくするため，普通，発芽1週間後と開花前の2回行なう．

④収穫

葉が70〜80％落ち，莢の網目がはっきりした時期．普通，10，11月である．

⑤連作体系

連作は好ましくなく，麦類，牧草または野菜と組み合わせて栽培する．

⑥マルチ栽培

土壌の温度を上げ，低い土壌水分は，生育にとって良い環境をつくる．従来の生産地では，作期の移動による災害の回避や増収をねらう．北限の拡大により，東北の青森でも栽培が可能になった．

f．用途

子実には，脂肪が40〜50％，タンパク質が約30％含まれている．脂肪は気温の高い地方産のもので高い．主に，食用油，マーガリン，石鹸の製造に利用されている．

5．イモ類

(1) ジャガイモ

和名　　ジャガイモ，バレイショ．　英名 potato.

学名　　Solanum tuberosum L. 漢名 馬鈴薯．　　$2n = 48$.

a．分類，起源，伝播

ナス科，ナス属の多年草である．S. tuberosum のみが世界に分布している．

原産地は南米のアンデス山地と推定されている．16世紀にアメリカからヨーロッパに伝わり，日本には16〜17世紀に伝わった．馬鈴薯は，本来は

マメ科のホドイモを指す．

b．生産

　世界の総生産量は，29,541万tで，約半分をヨーロッパで生産しており，準主食の地位にあり，収量も高い．日本では，307万tを生産し，その内の半分を北海道で，長崎県がそれに継ぐ．

c．形態

　①葉（図2.16）

　各節2/5の葉序でつき，下位葉は単葉，上位葉は羽状複葉である．13～17枚つく．

　②茎（図2.15，2.17）

　茎は木部の両側に内・外篩部のある複並立維管束である．地下茎いわゆる

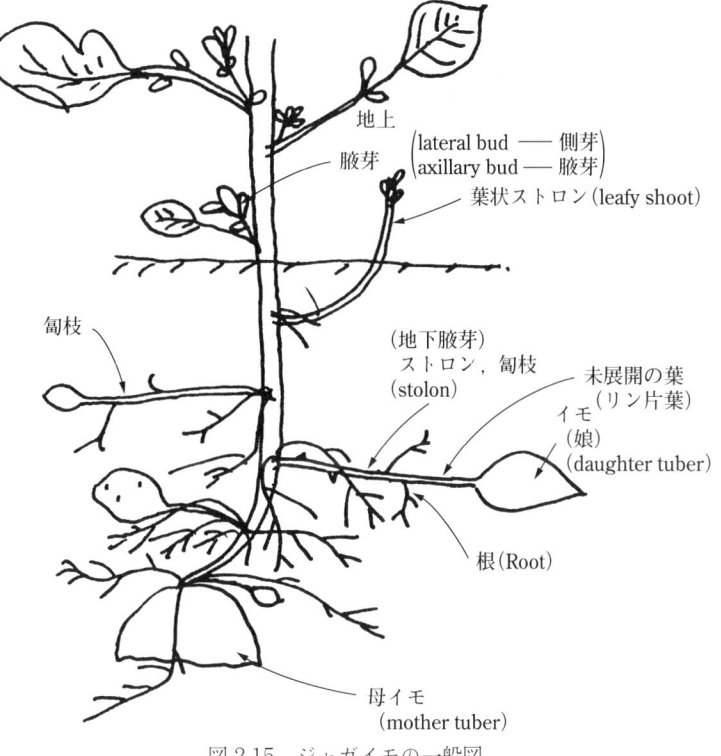

図2.15　ジャガイモの一般図

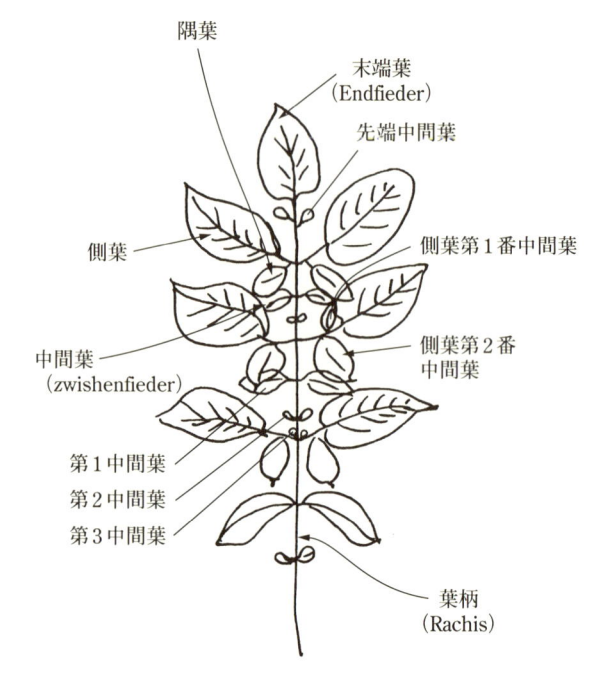

図 2.16 ジャガイモの羽状複葉

匐枝は，地上茎と相同態で，生長の途中で光にあてると地上茎と同じようになる．地下茎の 12〜20 節の部分にデンプンがつまったものが，いわゆるイモである．

③ 根

主茎の地下部の各節から 5〜6 本の不定根を出すが，地際ほど少なく短い．

d．生理・生態

① 萌芽

4〜8℃ではじまり，2〜4 茎の芽が同時に出る．イモの貯蔵期間が延びるほど茎数が多くなり，母イモの表面にしわがみられ，これをおんぼイモと呼ぶ．

② 生長

萌芽後，約 1 カ月で種イモの貯蔵養分は消失する．そのときの草丈は約

25 cm である．萌芽直後は，根の生長が著しい．匐枝は萌芽から 10～25 日間伸張を続ける．塊茎の形成には短日，低温，低窒素が好ましく，形成誘導物質としてツベロン酸が関係している．塊茎の肥大には 15～18 ℃が好ましく，肥大期間は 1～2 カ月である．塊茎内にはデンプンが充満していくが，低温ほど大粒で形も揃っている．夏季，雨が少なくて乾燥し肥大中のイモが一時生長を停止することがあるが，この直後雨が降ると生長を再開し二次生長イモができることがある．

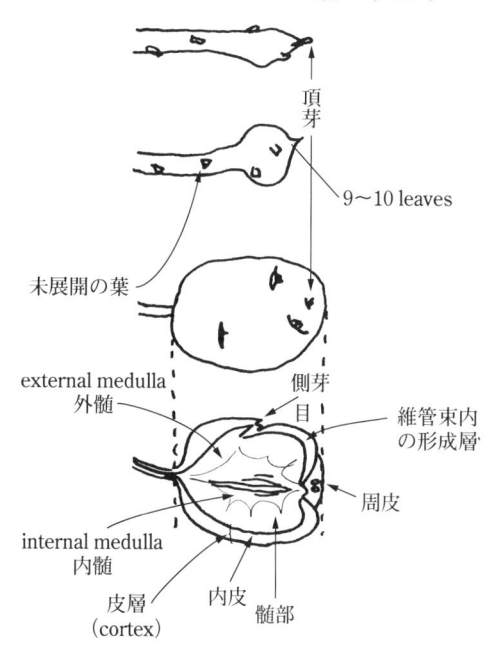

図 2.17 イモの肥大の様子

③ 休眠

紅丸，農林 1 号では約 3 カ月，男爵で約 4 カ月，蝦夷錦で約 5 カ月弱である．同品種でも，未熟のものは成熟のものに比べて長い．4～21 ℃の貯蔵温度では，温度の高いほど休眠期間が短い．

④ 気象・土壌

主産地は年平均気温 5～10 ℃の地域にあり，積算温度は 1,300～3,000 ℃である．生育期間中の平均気温は約 21 ℃である．酸性には比較的強い．

⑤ ソラニン

アルカロイドで，芽の周辺にあり，日光にあたると急増する毒物である．

e．栽培

① 整地

耕起は深さ 15～18 cm が適当である．

② 施肥

10 a 当たり 3～4 t をとるために，$N : K_2O : P_2O_5$ をそれぞれ 9 : 13 : 10 kg と堆肥を 1～2 t を施与する．カリの吸収量は著しく多い．

③ 植付け準備

種イモの大きさは約 30 g で 2 芽茎位がよい．栽植密度は m^2 当たり約 6 株で，畦間は 60～75 cm である．萌芽数が多い場合は，強健な茎を 2～3 本残す．

④ 培土

根圏を拡大し，イモの着生をよくする．また，緑化イモを少なくし，雑草の抑制に効果がある．

⑤ 収穫・貯蔵

茎葉が黄変して塊茎が充実した時期である．貯蔵には 5 ℃位がよい．貯蔵時に萌芽抑制剤のマレイン酸ヒドラジドや Co^{60} を照射して，周年出荷をはかる．

⑥ 採種栽培

ウイルス病を防ぐために，媒介アブラムシの発生の少ない岡山県や長崎県で行なわれている．

f．輪作

連作による土壌の劣化を防ぐため，ジャガイモ-コムギ-ダイズのような輪作をする．

g．利用

水分が約 80 %で，炭水化物が約 18 %である．主食やデンプン採取用の他に，ポテトチップ，マッシュポテトなどの消費が盛んである．

(2) サツマイモ

和名　　サツマイモ，カンショ，カライモ．　　英名　sweet potato.

学名　　Ipomea batatas LAM.　　漢名　甘藷．　　$6n = 90$.

a．分類，起源，伝播

ヒルガオ科のサツマイモ属で，メキシコ周辺の中央アメリカが原産地と推定されている．15 世紀にヨーロッパへ伝わり，17 世紀初頭に日本に伝えら

b．生産

　世界の総生産量は，13,843万tで，アジアの生産が大部分を占め，中国，インドネシア，インド，日本が主要生産国である．日本では，約113万tを生産し，鹿児島，茨城，千葉県が主要生産県である．

c．形態

①葉

　各節に2/5の葉序でつき，葉柄は5～10 cmで比較的長く，基部に蜜腺がある．葉柄を折ると，白い乳液がでる．

②茎

　蔓性で地面をはい，2～6 mとなる．維管束は，両立維管束である．

③根（図2.18）

　不定根のうち一部の根は肥大して塊根となる．塊根は植付後，100～140

図2.18　サツマイモの全体像
（大畑・平井さん提供）

日で普通の大きさになる．根は，外側から表皮，皮層，中心柱からなり，中心柱に木部と篩部がある．篩部近傍に乳細胞があり，ここに白い乳液と油滴を含む．不定根は第1次形成層の活動程度が大きく，中心柱の木化程度が小さい時に塊根となる（図2.19）．

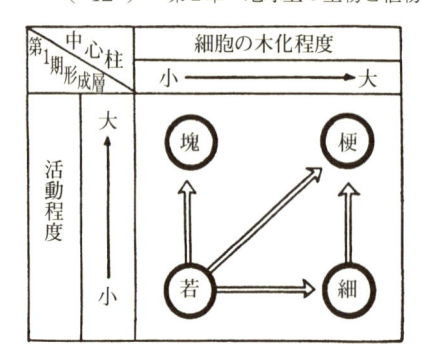

図2.19 甘藷の発達初期における中心細胞の木化程度および第1期形成層の活動程度と根の性状（戸苅氏）
若・塊・細・梗はそれぞれ若根・塊根・細根・梗根（または牛蒡根）を示す←発達方向

d. 生理・生態

① 萌芽

萌芽は根痕から生じる．一般に，先端部では休眠したままで終わり，基部に近い部分から発生する．適温は約30℃で，適当の水分があればよい．

② 光合成と物質生産

水平葉で葉層は薄いので，群落内の光条件はよくない．しかし，シンクは無限大で，好条件下では生産量は非常に大きい．物質生産には，窒素とカリ肥料の影響が大きく，葉中のカリ濃度が高いと地下部の肥大が大きく，増収の一要因となる．

③ 気温と地温（図2.20）

肥大の適地温は20～30℃で，夜温が高すぎると蔓ができすぎるツルボケ現象を呈する．塊根は，地温の急減部の地表下約10cmに形成されやすい．

図2.20 甘藷の植付当初の環境による根の発達方向（戸苅氏）
塊・梗・細・若はそれぞれ塊根・梗根・細根・若根を示す

④ 土壌水分

容水量の 60～70 % の時に最も肥大が良好である．

⑤ 土壌

pH 6.1～7.7 で，酸性抵抗性の強い作物である．

e．栽培

① 育苗

つるの跡のなり首を上にして温床で育苗する．萌芽後，約 23 ℃ がよく，芽が 3～6 cm になれば，被覆を薄くし，少しずつ日光にあてる．

② 採苗と植付け

苗は 24～30 cm のものが適当で，平均気温 20 ℃ の 5，6 月に植付ける．乾燥時には深めに植える．植え方には，斜挿し，船底挿し，釣針挿し，水平挿しがある．植付け本数は，m^2 当たり 3～4 本である．

③ 施肥

10 a 当たり $N : K_2O : P_2O_5$ をそれぞれ 9 : 11 : 3 kg で，カリの要求量が多い．窒素が多すぎると，茎葉だけ繁茂して，ツルボケとなり収量が減る．

④ 管理

高畦にすると，土中の酸素含有量を多くし，また掘取りも便利となる．

⑤ 作付体系

連作することができる．比較的耐乾性もある．

f．貯蔵

藷は，傷や病気をもたないか，傷口が完治していることが必要である．貯蔵適温は 13～15 ℃ がよく，湿度は 70～90 % が必要である．屋内貯蔵の一方法にキュアリング貯蔵が行なわれている．傷口は新しく形成されるコルク細胞によって自然治癒するが，治癒を促進させるために貯蔵庫の温度を 30～33 ℃ に，湿度を 85 % として数日おく方法である．

g．利用

藷の約 70 % は水分，約 28 % は糖質である．食用に約 40 % が，デンプン用約 20 % で，飴，食品加工原料，ブドウ糖などに，また焼酎にも利用されている．

6. 工芸作物の特徴

① 比較的に贅沢品で,価格は高く,しかも変動しやすい.
② 特別の性質と利用目的を持つ.
③ 品質を重視するために,特産地でつくられる.
④ 加工工場を必要とする.
⑤ 商品作物または換金作物としての性質が強い.
⑥ 安価な合成品ができると大打撃を受ける.

代表的な作物には,表2.7のようなものがある.

表2.7 代表的な工芸作物

分類	作物	使用部位		生産量(万t)	主な栽培地	利用
繊維	ワタ	種子の毛	(世界)	677	アメリカ,インド,エジプト	(紡織,製綿,雑用)油脂(世界第1位)
	イグサ	茎	(日本)	8.1	日本,中国	畳,ござ,花筵
嗜好料	チャ	葉	(世界)	273	インド,中国,ケニア	緑茶,紅茶,ウーロン茶
	コーヒー	種子	(世界)	556	ブラジル,エチオピア	飲料用
	タバコ	葉	(世界)	824	アメリカ,中国,インド	葉巻,紙巻タバコなど
油料	ダイズ	種子	(世界)	14,703	アメリカ,ブラジル,中国	油,ゆば,豆腐,納豆など
	ナタネ	種子	(世界)	3,510	カナダ,中国,インド	食用油
	ラッカセイ	種子	(世界)	3,071	インド,中国,アメリカ	食用油,石鹸など
糖料	サトウキビ	茎	(世界)	124,126	ブラジル,キューバ,エジプト	砂糖,ラム酒
	テンサイ	根	(世界)	26,311	ドイツ,フランス,ポーランド	砂糖,飲料
デンプン	コンニャク	塊茎	(日本)	7.6	日本	食用
薬量	ホップ	雌花穂	(世界)	13	アメリカ,ドイツ,フランス	ビールの芳香と苦味

7. 園芸作物

　人間は，農耕文化を獲得し，栽培という手段を通し，野性植物に改良を加え，生活に欠くことのできない有用な植物資源を作りあげた．その結果，1996年度では，穀類，豆類，牧草，野菜類，果樹類，根菜類，油糧作物，繊維作物とその他の作物を含め，世界に約50～60万点の植物遺伝資源が保存されている．そのうち，日本には，約20万点が保存されている．特に，園芸作物である野菜と果樹類が全作物に占める割合は，約10％であり，穀類に比較して約1/6～1/7の値を示している．この節では，園芸作物の主体をなす蔬菜，花卉，果樹類（鑑賞植物）に焦点をしぼり，それらの種類を園芸学的に分類するとともに，国内外の生産量についても概説する．また，園芸療法の視点から人間と園芸とのかかわりについても解説したい．

（1）蔬菜

　一般に，蔬菜は，葉，花，茎を利用する葉菜類，ダイコンやカブに代表される根菜類ならびにメロンやスイカなどの果菜類に分けられる．しかし，この様な分類は，栽培上や利用上も共通点が少なく，実用的でないと指摘する研究者もある．熊沢（1953）は，栽培利用に自然分類法を加え，莢菜類，ウリ類，ナス類・雑果菜，塊根・茎類，直根類，菜類，サラダ・香辛菜，柔菜，ネギ類とキノコ類の10群に分類した（表2.8）．種類は，119種が記載されている．

　一方，山野に自生する山菜は，それらに含有する抗酸化成分の重要性が増すとともに，部分的に栽培化されるようになった．食用に供されている種類は，カタクリ（花・葉茎部），ギョウジャニンニク，コゴミ，コシアブラ，タケノコ，タラノメ，ネマガリタケ，ノビル（球茎，葉茎部），アサツキ，ワラビ，ヤマウド，ヤマブキとフキノトウなどが春季の主なものである．秋季は木の実が中心となり，マタタビ，アキグミ，ヤマブドウ，トチノキ，アケビなどが代表的なものである．これらの山菜は，未利用資源の活用という点から，蔬菜の園芸的分類の一群として位置づけられてさしつかえないように思われる．

第2章 地球上の生物と植物資源

表 2.8 蔬菜の園芸的分類

1. 蔬菜（pulse crops）(10 種類)
 エンドウ，ソラマメ，インゲンマメ，ハナマメ，ライマビーン，リョクトウ，ササゲ，フジマメ，ナタマメ，エダマメ

2. ウリ類（cucurbits）(10 種類)
 キュウリ，シロウリ，マクワウリ（メロン），カボチャ，スイカ，トウガン，ユウガオ，ヘチマ，ニガウリ，ハヤトウリ

3. ナス類および雑果菜（solanaceous and miscellaneous fruits）(8 種類)
 ナス，トマト，トウガラシ，オクラ，トウモロコシ，イチゴ，ヒシ，オニバス

4. 塊根・茎類（tuberous root, tubers, and other fleshy underground stems）(13 種類)
 サツマイモ，ジャガイモ，ヤマイモ，サトイモ，ヤウテア，キクイモ，チョロギ，クズイモ，ユリ，ハス，クワイ，クロクワイ，ショウガ

5. 直根類（root crops）(16 種類)
 ダイコン，カブ，ネガラシ，ルタバガ，コールラビ，ワサビ，ホースラディシュ，ニンジン，パースニップ，セルリアク，ハンブルグ，パースリー，ゴボウ，ゴボウアザミ，サルシファイ，ビート

6. 菜類（cole crops）(7 種類)
 ハクサイ，ツケナ類，カラシナ類，キャベツ，不結球カンラン類，ハナヤサイ，コモチカンラン

7. サラダ・香辛菜（salads and condiments）(17 種類)
 セルリー，パセリー，ハマボウフウ，コエンドロ，ウイキョウ，レタス，エンダイブ，チコリー，クレソン，シソ，セージ，ハッカ，タデ，ウド，ミョウガ，サンショウ，ローゼル

8. 柔菜（potherbs or greens）(23 種類)
 セリ，ミツバ，シュンギク，フキ，スイゼンジナ，アーティチューク，ショクヨウギク，ホウレンソウ，フダンソウ，ルバーブ，ヒユ，ツルナ，ツルムラサキ，ヨウサイ，カンアオイ，ジュンサイ，ハスイモ，アスパラガス，カンゾウ，マコモ，タケノコ，クコ，チャンチン

9. ネギ類（allium crops）(bulb crops)(9 種類)
 ネギ，ワケギ，アサツキ，ラッキョウ，タマネギ，ヤグラネギ，ニラ，リーキ，ニンニク

10. キノコ類（mushrooms）(6 種類)
 マッシュルーム，シイタケ，マツタケ，ナメコ，フクロタケ，キクラゲ

(熊沢 1953)

他方，主要野菜の全国の作付面積，収穫量および出荷量を比較してみよう（表2.9）．作付面積では，果菜類はスイカが，葉茎菜類はキャベツがならびに根菜類はダイコンがそれぞれ最も大面積で作付けされている．収穫量では，果菜類はキュウリが，葉茎菜類はキャベツがならびに根菜類はダイコンが最も高い値を示している．出荷量は，収穫量の傾向とほぼ同様である．この様に，野菜のなかでは，重量野菜といわれるキャベツ，タマネギ，ダイコンとニンジンなどが出荷量が多いが，近年は生産者の高齢化にともない軽量野菜の栽培へシフトする傾向が強い．例えば，淡路島は古くからタマネギの産地であったが，最近では，タマネギに比べレタスの栽培が多くなってきている．

また，主要施設野菜は，ガラス室，ハウス，トンネルで栽培されているが，その総収穫量に占める割合はメロン，イチゴ，キュウリとトマトがそれぞれ70％以上の値を示している．

それでは，野菜の国内消費量と生産量のバランスがとれているのであろうか．1996年では，国内生産量が14,615千t，国内消費量が17,078千tであ

表2.9 主要野菜の作付面積，収穫量および出荷量（1996年）

野菜の種類	作付面積 (1,000 ha)	収穫量 (1,000 t)	出荷量 (1,000 t)
果菜類			
キュウリ	17	823	688
カボチャ	16	234	170
スイカ	19	633	543
ナス	14	481	345
トマト	14	796	697
葉茎菜類			
キャベツ	39	1,539	1,296
ハクサイ	25	1,162	858
ネギ	25	547	417
タマネギ	27	1,262	1,075
根菜類			
ダイコン	52	2,132	1,592
カブ	7	196	151
ニンジン	24	736	634
ゴボウ	13	248	201
サトイモ	22	254	149

るところから，その不足する消費量 2,464 千 t は外国から輸入している．

（2） 花卉

花卉の分類は，形態や生育習性を重視した人為分類（園芸的分類）が中心であり，一・二年草，宿根草，球根，花木，観葉植物，ラン科植物，サボテンと多肉植物，水性植物と食虫植物の 9 群に分けられている．一・二年草は，1 年以内に全生育期間を終了する一年草と 2 年目に開花・結実し生活環を終えるものを二年草とそれぞれ呼ばれている．草種としては，トルコギキョウやスイートピーなど 13 種類が主なものであり，利用方法としては，切り花が，中心である．宿根草は，一・二年草と異なり，2 年以上の生活環を有する耐寒性のある多年草である．草種はキク，カーネーション，シュッコンカスミソウなど 12 種類があり，主として切り花に利用されている．球根は，チューリップ，カノコユリ，グラジオラスなど 12 種類があげられ，地下または地際の器官が肥大し，この肥大器官で栄養繁殖させる．また，肥大器官の形態によりりん茎，球茎，塊茎，根茎，塊根とに分けられる．生態的には，低温，高温，乾燥などに耐え，開花には，低温が要求されるものもある．利用方法は，切り花，花壇，鉢ものとに分かれる．花木は，花，葉，果実などを観賞する樹木をさし，フジ，アジサイ，バラ，ツバキなど 12 種類が主なものである．主として庭園樹や，切り花に利用されている．また，ユキヤナギやオオデマリの様に，花木を切り枝し販売する場合は枝ものと呼んでいる．観葉植物は，主として鉢ものとして利用されており，ポトスやインドゴムノキなど 12 種類がある．なかには，耐陰性のものもあり，室内で観賞される場合もある．ラン科植物は，洋ランと，東洋ランに区別され，前者にはシンビジウム，オンシジウムなどが，後者にはシラン，エビネなどがそれぞれ代表的なものとしてあげられる．

ランの繁殖には，着生ランの種子では菌と共生し発芽することならびに地生ランでは難発芽性を示すことなどから，種子繁殖より短期間に大量に栄養系を増殖させることのできる組織培養技術が導入されている．属と種の数は，南北両半球の熱帯から亜熱帯に約 800 属と 2 万種が分布している．サボテンと多肉植物は，ヒガンバナ科（ソウゼツラン），タカトウダイ科（カラン

コエ），ユリ科（アロエ）などがよく知られており，サボテン類はサボテン科を代表している．特に，サボテンは，その形態，とげや花を総合的に，鉢物で観賞する．他に，食用に供することもできるサボテンもある．最後に，水生植物と食虫植物についてみると，前者ではスイレン，ハスが，後者ではムシトリスミレやタヌキモがそれぞれあげられる．

一方，最近では食の自然志向の観点から，香草，薬茶，お茶，風味用としてハーブやエディブルフラワーが，人間の生活にとりいれられる様になった．ハーブのなかでもカモミール，クローブ，ラベンダー，ベルガモット，ヒソップ，ヤローとサフランは，お茶や香料に利用されている．また，エディブルフラワーとしては，ラベンダー，チャイブ，アルカネット，ミントなどが主なものとしてあげられる．

次に，主要花卉類の作付面積，出荷量および施設についてみよう．切り花類では，キク，カーネーション，バラが，作付面積と出荷量とも上位を占めている（表2.10）．特に，キクは，切り花生産のなかで，最も高い値を示している．鉢物類の出荷量では，観葉植物，花木類，サボテンおよび多肉植

表2.10 主要花卉類の作付面積，出荷量および施設（1996年）

花卉の種類	作付面積 (ha)	出荷量 (1,000本)	施設
切り花類			
キク	6,220	2,081,000	1,057,000
カーネーション	552	568,300	568,000
バラ	615	475,300	474,400
シュッコンカスミソウ	484	105,500	104,200
洋ラン	232	31,000	30,900
ユリ	761	199,500	162,300
チューリップ	130	107,300	105,800
トルコギキョウ	426	121,400	121,100
鉢もの類			
シクラメン	240	19,200	19,200
プリムラ	70	15,500	15,400
洋ラン	134	15,200	15,200
サボテンおよび多肉植物	69	20,200	20,100
観葉植物	356	50,300	49,100
花木類	366	35,300	25,100

物，シクラメンが上位を占めている．これら切り花類と鉢物類は，主としてガラス室やハウスなどの施設栽培での生産が主流となっている．1996年度の統計では，2005年には，国民1人当たりの花卉・花木の消費が，76本程度に増加し，この増加量は1993年（50本）に比べ約5割増になると見通されている．当然ながら，鉢物や花壇用苗ものも大幅な増加が見込まれている．したがって，2005年度には，国内における総需要量は98億本，生産量は85億本になると見通されている．また，1996年度における1世帯当たりの切り花に対する平均支出金額は，仙台市の23,027円が最も高く，福岡市の8,975円が最も低くなっている．全国の平均は，12,608円である．

この様な花卉類の消費構造の活性化にともない，小規模生産者（農家）による花卉生産に変わり，種苗会社や異業種企業などが参入し，新しい花卉産業を成立させている．特に，従来，個人育種家による新品種の創出は直接販売につながらなかったが，この花卉産業の成立で新規な花卉や花木類は市場部門への戦略品につながる可能性を提示した．

（3）果樹

果樹の人為分類は，田中長三郎（果樹の分類学，1951）により，世界の果樹

表2.11　主要果樹の人為分類

木・葉・果実の特性区分	果樹の種類
1. 落葉果樹	
a. 中・高木性果樹	
1）仁果類	リンゴ，ナシ，マルメロ，サンザシ，カリン
2）核果類	モモ，ネクタリン，甘果オウトウ，スモモ，ウメ
3）漿果類（液果）	カキ，ブドウ，イチジク，ザクロ，キウイ
4）殻果類	クリ，クルミ，アーモンド，シイ，イチョウ
b. 低木性果樹	
1）キイチゴ類	ブラックベリー，レッドラズベリー，デューベリー
2）コケモモ類	ブルーベリー，クランベリー
3）スグリ類	グースベリー，ブラックカラント，レッドカランツ
4）その他	グミ，ユスラウメ
2. 常緑果樹	
a. 亜熱帯果樹	ミカン，オレンジ，レモン，ビワ，オリーブ
b. 熱帯果樹	マンゴー，マンゴスチン，バナナ，パパイヤ，ドリアン

（果樹園芸大事典改編）

類の種数 2,792 が分類されている．一般に，分類は，常緑性と落葉性，中・高木性と低木性ならびに果実などの特性によって区分されている（表2.11）．

特に，果実の特性から分類すると，花托（床）が，特に肥大する仁果類，子房壁が特に肥大し，子房壁の中果皮が，硬い核を形成する核果類，子房壁の中果皮・中果皮またはその一部が肥大しやわらかくなる漿果類（液果）ならびに子房壁が，硬い殻になり，種子を食用にする殻果類の4種類にそれぞれ区分されている．また，子房とともに花托など子房以外の部分が，発育し果実を形成することがあり，この子房の発育した果実を真果，子房とそれ以外の組織が，発育する果実を偽果と呼ばれている．前者ではカンキツ類，カキ，モモ，ウメ，ブドウが，後者ではナシ，リンゴ，ザクロがそれぞれ主なものである．

また，気象条件の一つである温度でも果樹は分類され，年平均気温が8～12 ℃の地帯ではリンゴ，オウトウ，セイヨウナシが，11～16 ℃の地帯ではカキ，クリ，ニホンナシ，ブドウ，モモ，スモモが，15～17 ℃の地帯ではカンキツ，ビワが，17～20 ℃の地帯ではカンキツ，ビワ，オリーブ，ヤマモモ，キウイフルーツが，20 ℃以上の地帯ではバナナ，パイナップル，アボカド，マ

表 2.12 主要果樹の作付面積，収穫量および出荷量（1996年）

果樹の種類	作付面積 (1,000 ha)	収穫量 (1,000 t)	出荷量 (1,000 t)
1. 落葉果樹			
リンゴ	47,200	899,200	808,700
ブドウ	21,900	243,900	224,300
日本ナシ	17,700	377,700	349,500
モモ	10,900	168,700	155,900
ウメ	17,200	102,300	85,900
カキ	25,500	240,500	193,900
ビワ	2,360	10,600	8,590
クリ	29,200	30,100	21,400
2. 常緑果樹			
ミカン	63,500	1,153,000	1,029,000
ナツミカン	5,370	98,900	85,700
ハッサク	4,170	76,700	65,400
イヨカン	10,100	197,600	178,900
ネーブルオレンジ	2,070	25,300	21,400

ンゴー，パパイヤがそれぞれ生育している．特に，バナナとパイナップルの外に，マンゴー，アボカド，パパイヤ，ドリアン，ピタヤなどが熱帯の有用果実として消費量も，年々増加傾向にある．

一方，わが国における主要果樹の作付面積，収穫量および出荷量について見ると（表 2.12），落葉果樹ではリンゴ，日本ナシとブドウが，常緑果樹ではミカン，イヨカンとナツカンがそれぞれ上位を占めている．1996 年度の果樹の国内消費量は 8,298 千 t，国内生産量は 3,892 千 t であり，外国からの輸入量は 4,386 千 t であるとされている．ただし，14 千 t 程度は，輸出されている．

（4）園芸と人間とのかかわりあい

1994 年，京都で開催された第 24 回国際園芸学会議のメインテーマは，「健やかな生活と美しい環境を創る園芸」であった．この事は，人間の健康的な生活と美しい環境の形成に，園芸の果たす役割が深く関与するとした画期的な機能を提出することとなった．すなわち，園芸の果たす役割は，生産物の安定供給の外に，新たに緑の資源として人間の身体的・精神的リハビリテーションや幼児期の心の教育など多様化した場面にまで拡大してきている（図 2.12）．

具体的な事例として，人間と園芸との関係を園芸療法の面から解説した

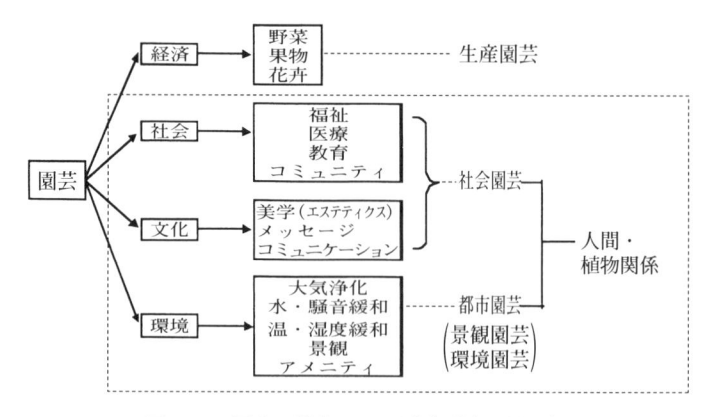

図 2.21 園芸の機能による区分（樋口 2000）

い．アメリカ園芸療法協会では，園芸療法とは「植物や園芸作業を身体，心ならびに精神の改善に必要な人々の社会的，教育的，心理的，心体的調整に利用するプロセスであり，心体的障害者，精神病者，知的障害者，高齢者，社会的弱者等に効果を発揮する」と定義している．わが国でも，（財）日本緑化センターが中心となり，1991 年に各国における園芸療法の現状について調査し，「ホーティカルチュラル・セラピー（園芸療法）現状調査報告書」をとりまとめた．この報告書のなかで，「園芸療法士」制度の確立を提言したことは注目に値する．将来，大学農学部等でこの「園芸療法士」の資格を付与するような教育制度の確立が望まれる．

他方，国や自治体の取り組みも進み，宮城県の「園芸遊々ランド整備事業」，静岡県の「ヒューマン農業推進事業」ならびに高知県の「園芸セラピーバックアップ事業」などを通し，高齢者の生きがいや障害者への治療あるいは職業訓練にこの園芸療法が導入されている．これらの事業は，日本の将来への園芸セラピーのモデルとなるであろうことを確信する．

これらの事実は，園芸のもつ多面的機能を示すものであり，人間の精神的安定と各種障害者の改善あるいは治療に園芸が大きく寄与することを示唆している．

参考文献

粉川昭平，田村道夫 1975．植物の系統と進化 生命の科学シリーズ 6．日本放送出版協会．p. 9～59．

斎藤 隆，大川 清，白石眞一，茶珍和雄 1996．園芸学概論 文永堂出版．

阪本寧男 1999．民族植物学から見た農耕文化 農文研ブックレット 15，農耕文化研究振興会，京都．p. 2～43．

佐藤庚他 1983．工芸作物，文永堂．

佐藤公一，森 英男，松井 修，北島 博，千葉 勉 1984．果樹園芸大事典 養賢堂．

農林統計協会 1998．ポケット園芸統計 平成 9 年度版 p. 1～208．

樋口春三 2000．日本学術会議シンポジウム「園芸の果たすべき役割？人にとって園芸とは」，日本学術会議・農学研究連絡委員会．

星川清親 1980．新編食用作物 養賢堂．p. 1～18．

星川清親 1993. 植物生産学概論 文永堂出版. p. 17～26.

堀江　武, 高見晋一 監訳 1995. 食料生産の生態学 III 食料生産と資源管理 R. S. ルーミス・D. J. コナー著. 農林統計協会. p. 212～236.

第3章　植物資源の多様性とその利用

　植物資源とは，人間が直接利用している植物（狭義）であり，数万種とされている．このうち，農業に利用するために人の保護管理下にある植物（作物）は約2,300種である．一方，過去に利用されたが現在は利用されていない植物を含め，新たな機能性の発見による作物化，遺伝資源としての利用，環境保全効果などを考えると，地球上のすべての植物が植物資源と考えられる（広義）．植物資源，野生未利用植物，野生有用植物，栽培植物および作物の概念図を図3.1に示した．ここでは，上に記したように，個人的な趣味などで栽培され農業と直接関係のないものを区別して示した．

　植物の栽培化は約10000年前であると推定されている．様々な植物が栽培化された地域（作物の起源地）は，研究者によって6～8起源地と異なるものの，いずれの地域においても穀類，豆類，油料植物および果樹類がみられ，生命維持に必要な炭水化物，タンパク質，脂質およびミネラル類がそれぞれの地域で供給されていたと考えられる．栽培植物の起源地はいずれも低緯度（熱帯）～中緯度（温帯）に位置しており，多様な野生植物のなかから利用可能な植物が栽培化され，やがて作物となったと考えられる．交通手段，情報網の未発達な当時においては，身近に存在する植物種の利用が基本であり，このために起源地ごとに地域性に富んだ独特な植物種が利用され，動物の家畜化と相まって固有の農耕文化が形成された．

　野生有用植物の栽培化で生産性が向上したことにより，余剰農産物に依存する農外人口が増え文明が発達した．このことがフィードバックされることで，生産性がさらに向上し，栽培植物の多様化も一段と進んだと考えられる．栽培

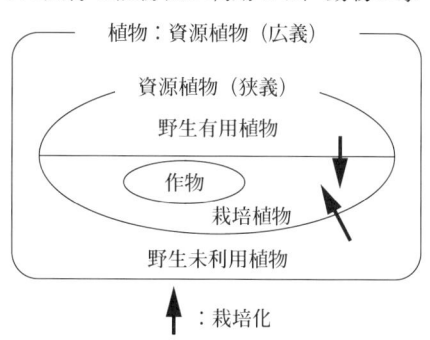

図3.1 資源植物と栽培化の概念図

植物の多様化の主な要因は，栽培化そのもの，伝播，品種改良である．栽培化されることで，異なる個体間での交雑，自然突然変異などで生じた変異体の発見の機会が増加し，民族移動，国家の拡大，交易，侵略，植民地化，移民など様々なかたちでの人の移動にともない，植物が自然あるいは文化的に異なる条件下で栽培されることで，用途が拡大され，その用途を反映した様々な作物が形作られた．

　多様な植物は，様々な形で分類される．リンネの分類にみられるような植物種を特定することを目的とした分類から，日長反応性（短日植物，長日植物，中性植物），生存年数（一年生植物，二年生植物，多年生植物），環境適応性（寒地植物，熱帯植物等）など，生態的な特性によるもの，繁殖様式（有性繁殖，無性繁殖）あるいは受粉様式（自家受粉，他家受粉）によるものなどである．このような植物が本来有する特性分類のほか，作物は利用目的（用途）によって食用作物，原料作物（工芸作物），飼料作物，園芸作物などに分類される．利用目的による分類は，植物学的な分類と異なり，便宜的なものであり，一つの植物がいくつかの分類群に属することがある．例えば，トウモロコシは，食用作物であると同時に飼料作物でもある．イネについても同様に，米飯として利用される場合には食用作物であり，酒造りに用いられれば原料作物である．また，稲わらや米が飼料としても利用される．主な作物については，利用目的によってそれぞれ異なる品種が存在するのが普通である．例えば，イネにおける山田錦，雄山錦などの酒米品種やトマトにおける生食用品種や加工用品種などがそれである．

　農業においては，栽培作物と対比される用語として，雑草がある．しかし，雑草という名の植物はもちろん存在しない．雑草とは，耕地内に存在する栽培を目的とした植物以外の植物の総称であり，例えば，イネを作付けした水田にヒエが混入すれば，ヒエは雑草であり，ヒエを作付けした水田にイネが混入すればイネが雑草である．この場合，量の多寡は問題ではない．

　栽培面積あるいは生産量により，メジャーとマイナーに分ける場合もある．世界的には，イネ，ムギ類，トウモロコシが，栽培面積からも生産量からもメジャーであることに異論はないであろう．しかし，世界三大穀物の一

つである米ですら，生産地域での現地消費が主であり，貿易量は少ない．日本では知名度が高いとはいえないが，世界の地域によってメジャーな作物として，中南米のマンジョカ（マニホット，キャッサバ），南太平洋諸国におけるヤム，タロ，アフリカ諸国におけるシコクビエなどのミレット類がある．マイナーな作物（マイナークロップ）については，千差万別，多種多様である．

イネ，ムギについては他項（第2章）で述べられているので，ここでは日本での，物質生産における資源の活用と自給および農業形態の視点から，雑穀類，地域伝統植物資源および薬用植物資源について，環境保全など物質生産以外の視点から，景観形成植物資源，環境浄化植物資源およびアレロパシー・緑肥植物資源について述べる．

1. 雑 穀 類

生活習慣病といわれる多くの病気の出現と食生活の変化との関係が論じられている．アトピー性皮膚炎をはじめとする種々のアレルギー疾患，高脂血症等がそれである．第二次世界大戦後，食生活の欧風化の名の下に日本の食生活は劇的に変化した．植物性タンパク質から動物性タンパク質へ，ごま油，ナタネ油などの植物性油脂から動物性脂肪の摂取へと比重が移行すると同時に，これらが過剰摂取されることとなった．最近，欧米において健康維持の面から，日本型食生活に対する関心の高まりがみられるが，国内においても，過度の欧風化に対する反省と健康維持，農産物の国内自給の面から，様々な取り組みがはじまっている．後に述べる地場産業の活性化を目的とした，地域伝統野菜の見直し，雑穀類の機能性解明とその再評価などである．

雑穀をどのように定義するかは難しい問題であるが，仮に「栽培面積あるいは生産量の少ない作物（マイナークロップ）のうち，子実を利用する作物」と定義するならば，日本においては，米以外のほとんどの穀類を雑穀としてとらえることができる．しかし，世界的には東アジア，インド亜大陸，アフリカでは，モロコシ，シコクビエ，トウジンビエ，アワ，キビなど日本で雑穀の範疇に入る作物の栽培も多い．

日本における雑穀栽培の歴史は古く，縄文時代の遺跡からヒエ，アワ，ソバ，エゴマなどの出土が報告されている．イネの栽培の歴史も古く，稲作伝来に関する研究例も多い．また，江戸時代の禄高制にみられるように，経済面でも米が重要な役割を果たした期間が長く，日本の食生活そのものが，稲作（米）によって支えられてきたイメージが強いが，明治期まで多くの庶民の食生活を支えてきたのは雑穀であった．近代的育種事業が開始されたのは明治時代であるが，つい最近までイネ育種においては，作付け面積の拡大，栽培限界の北上にともなう耐冷性の付与など，生産の安定性と多収が最重要課題であった．国家的事業として取り組まれた結果として，米の主食としての現在の地位があるといえる．

日本の農村における伝統的な祭りでは，五穀豊穣を祈願するものが多いが，日本で五穀といえば，米，麦，大豆，粟，黍を指すのが一般的である．これらの作物のうち，アワについては，大正 10 年（1921）に 13 万 ha 余の作付けがあり，主要な産地は鹿児島，熊本，岩手，青森など東北北部と九州であった．キビについては，作付け面積 3 万 ha で，主産地は北海道であった．また，ヒエについても 4 万 5,000 ha 前後の作付けがあり，岩手，青森，北海道など寒冷地において主に作付けされていた．その後，アワについては作付け面積が急激に減少し，第二次世界大戦当時まで横ばい状態であったキビ，ヒエについても，戦後次第に減少し，現在では中山間地などの限られた地域に，小規模な栽培がみられるのみである．このような状態に至った原因として，先に述べた主食としての米の定着と生産性の向上があり，一方で，効率的な農業経営の名の下でのモノカルチャー化がある．かつての農業経営においては，焼き畑農業をはじめとする「出作り」や，開墾初期の作付け品目として，これらの雑穀が重要な位置を占めていた．また，平坦地の畑作においても，アワ・ヒエ→オオムギ・コムギ→ダイズ・アズキ・ソバあるいはヒエ→ナタネ→飼料用カブといった輪作体系に組み込まれ，食糧生産と同時に家畜の飼料供給などの役割を担っていた．

これまでみてきたように，歴史的には重要な役割を果たしながらも，衰退してしまった雑穀を，日本農業のなかに再度位置づける意義はどこにあるの

だろうか．一つには，先に記したように，機能性を反映した食のニーズの多様化に応えることである（機能性に関しては第6章参照）．食に対するニーズは，戦後量から質へと移行し，現在は多様性とともに無農薬あるいは減農薬栽培，有機農産物など，安全性が志向される時代である．一方，世界人口は60億を超え，世界中に飢餓が蔓延するなかでの，日本の食糧自給率40％（カロリーベース）の低さである．外国に食糧の多くを依存している限りにおいては，ポストハーベスト問題にみられるように，量的な問題に止まらず，安全性の確保にも不安が残る．現在の消費者が求めているのは，生産から消費までの量的・質的安全性であり，雑穀復活の第2の意義がここにある．さらに，第3として，農業就業者の高齢化と中山間地の過疎化対策としての，雑穀類の位置づけが考えられる．米，野菜などの主要作物については，食糧自給の観点からも，今後とも機械化と集約化による，効率的な食糧生産が必要なことはいうまでもない．一方，後に述べる地域伝統植物資源の活用や薬用植物資源の多目的利用などとともに，雑穀を位置づけることで，安全性，多様性，自給率の向上，生き甲斐，教育効果など様々な機能を併せ持つ，少量多品目生産の場としての農業形態を考える必要があると思う．代表的な雑穀類を表3.1に示した．

2．地域伝統植物資源

　地域伝統植物資源とは，それぞれの地域で，人々の生活のなかで，長い間利用されてきた植物種あるいは地方品種を指す．漆塗りの原料となるウルシ，和紙の原料植物としてのコウゾ，ミツマタ，備長炭の原料としてのウバメガシなど，伝統工芸品の原材料として利用される植物も多いが，ここでは多くの用途のうち食材に限って述べる．

　日本における植物の食材としての利用は，南北に長い島国で植物種に富むといった地理的条件および歴史的な条件から，世界に類をみないほど多様である．食材として利用される動植物は1,000種類を超え，その大部分が植物である．地域伝統植物資源は，ダイコンにその典型的な例がみられるように，既存の野菜がそれぞれの地域で選抜され，地方品種として栽培されるも

第3章 植物資源の多様性とその利用

表 3.1 代表的な雑穀とその特性・利用

作物名	学名	特性・利用
イネ科		
アワ	Setaria italica	アジア東部原産．オオアワ，コアワに区分．発芽6℃〜．生育期間100〜130日．春播き，夏播きの2栽培型．1,000粒重1.5〜3.5 g．頴果：黄白，黄橙，灰，黒色．耐干性大．比較的浅根性．土壌を選ばない（幼植物生育の最適pH＝6.5）．糯粳．炭水化物：67％．タンパク質：12〜19％．脂肪：3.5〜8.4％．食用，菓子原料，醸造用原料，飼料用．
キビ	Panicum miliaceum	中央〜東アジア原産．平穂型，片穂型，密穂型に類別．発芽10℃〜．生育期間70〜120日．暖地では春播き，夏播きの2栽培型．1,000粒重4〜9 g．頴果：黄緑，黄，白色．耐干性大．耐暑性大．深根性（70〜80 cm）．土壌を選ばない．糯粳．炭水化物：60％．タンパク質：10〜15％．脂肪：3〜4％．食用，菓子原料，醸造用原料，飼料用．
シコクビエ	Eleusine coracana	原産地はアフリカ説とインド説．1,000粒重2.7 g前後．頴果：黄褐〜褐色．耐干性大．土壌を選ばない．タンパク質，カルシウムに富む．北アフリカ，インドでは重要な食糧．食用，醸造用原料，飼料用．別名：カモアシビエ，コウボウビエ，カラビエ，カモマタビエ．
テフ	Eragrostis abyssinica	エチオピア原産．粒長1 mm前後でイネ科穀類で最小．頴果：黄，褐色．やや脱粒性．炭水化物：70.6％．タンパク質：11.6％．脂肪：0.7％．食用（エチオピアではインジェラと呼ばれる薄焼きパン），建築資材，飼料用．
トウジンビエ	Pennisetum typhoideum	エジプト，スーダン原産．1,000粒重7 g前後．頴果：青味を帯びる．不良環境に耐える．食用（アフリカでは粥，インドではチャパティ），飼料用．別名：パールミレット．
ハトムギ	Coix lacryma − jobi var. frumentacea	熱帯アジア原産．生育期間120〜150日．1,000粒重100〜110 g．頴果：光沢のある暗褐色．耐湿性大（生育初期は過湿に弱）．耐干性弱．脱粒性．糯．炭水化物：50％前後．タンパク質：8.3％．脂肪：6.4％．食用（飯，粥），健康食品，薬用，飼料用．別名：ヨクイ，シコクムギ．近縁植物にジュズダマ（粳）があり，容易に交雑する．
ヒエ	Echnochioa utilis	原産地はインド，中国とする説あり．生育期間120〜150日．暖地では春播き，夏播きの2栽培型．1,000粒重3〜4 g．頴果：黄褐，淡褐，暗褐色．畑作，水田作．土壌を選ばないが乾燥にやや弱．脱粒性．糯粳．炭水化物：60〜70％．タンパク質：9〜10％．脂肪：3〜4％．食用，菓子原料，醸造用原料，飼料用．

表3.1 代表的な雑穀とその特性・利用（つづき）

作物名	学名	特性・利用
イネ科		
フォニオ	*Digitaria exilis*	西アフリカで栽培．痩せ地，降水量の少ない気候に適す．生育期間：3～4カ月．炭水化物：81.0 %．タンパク質：8.7 %．脂肪：1.1 %．西アフリカで食用．
モロコシ	*Sorghum bicolor*	赤道アフリカ原産．穀実用，糖用，箒用，飼料用に類別．発芽10℃～．生育期間90～150日．1,000粒重24～32 g．頴果：赤，黄，白，褐色．耐干性大．塩類濃度の高い所でもよく育つ→クリーニングクロップとしての利用．深根性．酸性土壌にやや弱．糯粳．短日性．炭水化物：61～84 %．タンパク質：7.8～16.7 %．脂肪：1.7～6.5 %．中国北部，インド，アフリカでは食用，醸造用原料，日本では主に飼料用．別名：トウキビ，タカキビ，コーリャン，ソルガム．
その他		
キノア	*Chenopodium quinoa*	南米アンデス原産．果実：径2～3 mmで扁平，やや紫紅色を帯びるもの，白，帯黒色．ボリビア，ペルーでは標高4,300 mまで栽培．炭水化物：68 %．タンパク質：12 %．脂肪：6 %．サポニンを含有する系統もある．食用（パン，粥），醸造用原料，飼料用．
センニンコク	*Amaranthus caudatus*	アンデス原産．種子は0.8 mm前後で極めて小さく，やや扁平，赤，黒色．糯，粳．炭水化物：63 %．タンパク質：15 %，リジン含量が高い．食用，飼料用．別名：ヒモゲイトウ，アカアワ．同属植物の *A. hypochondriacus* や *A. cruentus* も利用される．
ソバ	*Fagopyrum esculentum*	東アジア温帯北部原産．発芽2℃～．生育期間60～100日．夏ソバ，秋ソバ．1,000粒重20～35 g（4倍体では48 gに達する）．異形花柱で虫媒．痩果：三稜をなし黒褐～銀灰色．耐干性大．土壌を選ばない．炭水化物：60～70 %．タンパク質：10～14 %．脂肪：2～3 %．リジン含量が高い．食用，醸造用原料，飼料，蜜源植物（採蜜量：60～100 kg/ha）．同属植物にダッタンソバ，シュッコンソバ（シャクチリソバ）がある．

表3.2 主な野菜の地方名

野菜名	地方名の数	地方名の例
ダイコン	108	聖護院大根,桜島大根,練馬大根,守口大根
サトイモ	87	赤がら,えび子,きゅうはち,田芋
サツマイモ	86	赤源氏,尼白,おたさん,八幡イモ
カブ	55	岩船かぶ,聖護院かぶ,天王寺かぶ
カボチャ	45	赤ぼんぼら,鹿ヶ谷かぼちゃ,日向南瓜
トウガラシ	23	あまごしょう,田中とうがらし,伏見とうがらし
ウリ	22	青なし,池田うり,加茂うり,しまうり
ネギ	22	九条ねぎ,下仁田ねぎ,伯州一本ねぎ,飛騨ねぎ
ハクサイ	21	仙台白菜,辻田白菜,唐菜,野崎白菜
ジャガイモ	16	遠州ジャガイモ,長崎赤,中津イモ
ナス	16	大阪丸,賀茂なす,泉州水なす,きんちゃくなすび
キュウリ	14	尾張半白,島うり,大和三尺きゅうり
ニンジン	13	島にんじん,白にんじん,長崎五寸にんじん

ナスについては,農林水産省野菜試験場の調査(1980)で68の地方品種が報告されている.したがって,それぞれの野菜で地方品種の数は,ここに示したよりかなり多いと思われる.

のと,地方により身近にある山野草が採取・利用されているものとがある.

日本の食事事典によれば,ダイコンについては108の,カボチャについては45もの地方名が存在する(表3.2).地域伝統野菜の代表ともいえる京野菜には次のようなものがある.

えびいも,花菜,京たけのこ,伏見とうがらし,万願寺とうがらし,賀茂なす,京山科なす,新丹波黒大豆,みず菜,鹿ヶ谷かぼちゃ,紫ずきん,聖護院大根,丹波くり,壬生菜,京都大納言小豆,堀川ごぼう,九条ねぎなど.

伝統野菜の呼称の特徴は,桜島大根,賀茂なす,源助大根等のように,地名や人名を冠したものが多いことである.長い年月をかけ,それぞれの地域の土壌条件や気象条件に適応したものが選抜され,その地域の名前あるいは選抜・栽培・普及に貢献した先覚者の名前が冠せられたものと思われる.

経済効率優先の時代にあって,このような地方品種が存在する理由は,これらの伝統野菜が,その地域の郷土料理,特殊な漬け物原料などとして,地方文化を形作る重要な素材として利用されてきたからである.一方,これら

の伝統野菜が，地方の野菜に止まったのは，それぞれの地域に適したものとして育成されたために，広域適応性に乏しく，作りにくかったことや，収量，形，鮮度保持といった点で，市場流通に載りにくかったことなどがあげられる．伝統的地方野菜の例を表3.3に示した．

地域により，山野草が食材として利用されるものの例を表3.4に示した．これら山野草の利用は，食材の多様化をもたらし，地域振興と福祉の増進に寄与するものと考えられる．しかし，一方で地域の野生植物資源を利用するに当たっては，保護と利用のバランスを図ることが大切であり，このような観点から，増殖・栽培技術の確立による，山野草の栽培化が考えられる．その一例として，野生のタラノキを畑で栽培し，その茎を利用したタラの芽の生産がある．山野草を栽培化する際に大きな障壁となるのは，一般に山野草は生育速度が遅く，播種から収穫までに多年を要するものが多いこと，収穫適期が短いことである．このような点を改善しようとする取り組みとして，クサソテツ（コゴミ）の胞子を利用した育苗の効率化（富山県林業試験場）や，ギョウジャニンニクの自生系統から選抜した，早生の「栄村」系統，晩生の「湯ノ丸」系統など，多収で収穫適期の異なる系統を利用した，収穫時期の長期化（長野県営農技術センター）などの試みがある．

3．薬用植物資源

薬とは，「病気を治すのに役立つ物質」として一般に理解されるが，広くは病気の治療の他に予防，診断，身体の状態を正常に保つために利用される物質を指す．

17世紀にケシ（阿片）からモルヒネが単離され，人体に対する作用が明らかにされたことにより，近代医薬の歴史がはじまった（表3.5）．それ以前は，洋の東西を問わず，簡単に加工された天然物が，伝承，信仰，呪術といったかたちで，経験的に薬として利用されていた．有効成分の単離・同定に端を発した一つの流れが現在の薬（西洋医学における薬）であり，もう一つの流れが伝承，経験を体系化した漢方，アユルベーダ医学に位置づけられる薬である．前者は，モルヒネの鎮痛作用，アスピリンの解熱作用など分析的，局

表 3.3 地方野菜の例とその特徴

野菜名	特徴
食用ユリ	主にコオニユリを栽培．リン片，木子，分球やウィルスフリー苗を用いた栄養繁殖．白銀，夕映など育成品種がある．茶碗蒸し，鍋物などの和風料理，菓子などに利用．
食用ギク	約60品種を利用．食味，香り，歯触りなどにより鑑賞ギクからの転用が多い．阿房宮，八戸菊1号・2号など．生食，葉膳などに利用．青森県では，花弁を蒸して乾燥した「きくのり」を保存食品として利用．
仙台長ナス	博多長ナスと祖先が同じと考えられる．極早生，半立性で分枝性が強い．若い果実を主に当座漬けにする．
まがりネギ	仙台市余目が発祥地とされる．栽培方法により軟白部が湾曲したネギ．品種は松本一本太とする説がある．仙台ネギと称する．
秋田ブキ	大型のフキで，秋田系と北海道系の2系統がある．葉柄を砂糖漬けなどに加工する．
民田ナス	一口ナスともいわれる小型の丸ナス．鶴岡市民田の地名に由来．早生で横繁性で多収．からし漬けに加工される．
アカネギ	葉鞘部が赤紫色．品種・系統は不明．水戸市近郊で栽培されほとんど自家消費．
下仁田ネギ	一本ネギで葉身・葉鞘部とも太くて短い．ネギ特有のタンパク質・香辛物質の含量が高い．西野牧系，ダルマ系，中ダルマ系がある．
大浦ゴボウ	長さ1.0～1.2 m，直径10 cmで中空．品種分化は無く，自家採種．5～7年の輪作．
亀戸ダイコン	短根型の春どりダイコン．青茎系と白茎系がある．早生種．
野沢菜	カブの仲間で草丈70 cm前後．系統の分化は無く，無毛茸のものが良品．漬け物に加工する．
ヤマゴボウ	モリアザミを栽培し，その根を利用．（ヤマゴボウという植物もあるが有毒）長野県の奨励品種にSB系がある．連作障害．一般に，味噌漬けに加工する．

表 3.3 　地方野菜の例とその特徴（つづき）

野菜名	特徴
寄居カブ	根部の生育が早く，30〜40日で収穫．根・葉ともに食用とされ，間引き菜，間引きカブとして利用．甘味が強い．
黒部スイカ	ラットル・スネーク種の順化・選抜種とされ，長楕円形で20〜30 kgとなる．皮は厚く貯蔵性に富み，冬まで保存できる．
源助ダイコン	源助は育成者の名．秋まきダイコンの早生系．長さ25 cm，太さ8 cm前後の短円筒形．砂丘地帯で栽培される．
花ラッキョウ	三年掘りの福井在来と二年掘り用に系統分離により育成された九頭竜がある．三年掘りで40〜60球に分球．砂丘地帯で栽培される．
守口ダイコン	宮前，秦野，美濃干しなどから発達したとされ，自家採種により維持される．長さ120〜130 cm，太さ2〜3 cm．守口漬けに加工される．
飛騨紅カブ	八賀カブより大正末期に分離育成され，肉質にヌメリがある．主に品漬けに加工される．
ミズカケナ	カブの変種とされ，抽苔したいわゆる「とう」を食用とし，トウナの別名がある．保温を目的とした水の掛け流し栽培からこの名がある．漬け物に利用．
伊勢イモ	ツクネイモの一種で，塊根部は不規則な団塊となる．雌雄異株．アクが無く変色しない．トロロ汁などの生食用と菓子原料として利用．
鹿ヶ谷カボチャ	ヒョウタン形をした独特な果実．
聖護院ダイコン	宮重ダイコンより自家採種により分離・育成された．早生系と晩生系にそれぞれ数品種がある．カブのような丸いダイコン．導入地の名称から尾張ダイコンの別名がある．
エビイモ	サトイモの一種で，小芋の形がエビに似ることに由来する．また，京芋とも呼ばれ，赤茎．煮物とし葉柄（ずいき）は和え物に利用．
カレギ	カレギ（刈葱）用の品種はなく，葉が伸長するたびに刈り取って利用する独特の栽培法．柔らかく香味に富み薬味として用いる．

表3.4　主な山野草と利用部位

植物名	科名	利用部位
アケビ	アケビ科	新芽，果肉，果皮
ウド	ウコギ科	若葉，若茎
ウワバミソウ（アカミズ）	イラクサ科	茎葉
オオバギボウシ（ウルイ）	ユリ科	若葉，葉柄
オケラ	キク科	若芽
ギョウジャニンニク（アイヌネギ）	ユリ科	リン片，若い茎葉
クサソテツ（コゴミ）	ウラボシ科	若芽
シオデ	ユリ科	若茎
ジュンサイ	スイレン科	幼葉と茎の一部，花芽
ゼンマイ	ゼンマイ科	若芽
タラノキ	ウコギ科	若芽
チシマザサ（ネマガリダケ）	イネ科	筍
ツルナ	ツルナ科	柔らかい茎葉
ツルニンジン	キキョウ科	茎葉，根
ハマボウフウ	セリ科	若芽
ヒシ	ヒシ科	果実
ミヤマイラクサ	イラクサ科	若芽，若葉
ムベ	アケビ科	果肉，果皮
モミジガサ（シドケ）	キク科	若芽
ヤマトキホコリ（アオミズ）	イラクサ科	茎葉
ワラビ	ウラボシ科	若芽

表3.5　歴史的な薬と基原植物

薬物名	基原植物	作用・利用
アトロピン	ベラドンナ（*Atropa belladonna*）	瞳孔散大
エフェドリン	マオウ（*Ephedra* spp）	気管支拡張作用
キニーネ	キナノキ（*Cinchona succirubra*）	マラリヤの特効薬
コカイン	コカノキ（*Erythroxylum coca*）	局所麻酔作用
ジギタリス（末）	キツネノテブクロ（*Digitalis purpurea*）	強心剤
ストリキニーネ	ストリキニーネノキ（*Strychnos nux-vomica*）	
モルヒネ	ケシ（*Papaver somniferum*）	鎮痛作用
レセルピン	インドジャボク（*Rauwolfia serpentina*）	血圧降下作用

所的であるのに対して，後者は体質の改善など総合的，全体的である．

　一方，民間薬は「伝承に基づき，人々が自分自身で適用しようとする薬」で，体系化されておらず，有効性など科学的に不明なものも多く含まれる

表 3.6　主な民間薬草とその利用

植物名	利用部位	効能
アカネ	根, 種子	通経, 止血
アケビ	つる, 葉, 果皮	消炎, 利尿
アシ	根茎	消炎, 利尿
イカリソウ	茎, 葉	強壮, 強精
エビスグサ	種子	消炎, 緩下剤
オウレン	根茎	健胃, 消化不良
カキドウシ	茎, 葉	強壮
カタバミ	葉	消炎, 止痛
キハダ	樹皮	健胃, 打撲傷（外用）
クズ	根茎	発汗, 解熱
ゲンノショウコ	全草	健胃, 整腸
ザクロ	樹皮, 果皮, 花	駆虫剤
センブリ	全草	健胃, 整腸
トチュウ	樹皮	強壮, 鎮痛
ナンテン	果実	強壮, 鎮咳
ニワトコ	花, 葉, 茎, 根皮	利尿
ネギ	青葉, 白根	発汗, 利尿
ハス	全草	強壮
ハトムギ	種子	利尿, 消炎, 鎮痛, 美肌
ベニバナ	花	補血, 強壮
ホウキギ	全草, 種子	消炎, 利尿
ヤマノイモ	塊根	滋養, 強壮
ヨモギ	葉, 種子	健胃, 利尿, 止血

(表 3.6).

薬用植物の利用形態としては，有効成分の抽出原料として用いられる場合と，乾燥など簡単な加工の後，そのまま用いられる場合（生薬）とがある．有効成分のみを薬として用いる場合は，抽出後に純度の検定を行なうことができるが，生薬については，性状（形，色，味など五感による），確認試験（主に成分の定性反応），純度試験（異物の混入程度），灰分および酸不溶性灰分の量など，様々な規定が設けられている．生薬を医薬品として用いる場合の規格は，日本薬局方（172 品目）に規定されており，その外に日本薬局方外規格（89 品目）と日本薬局方外医薬品成分規格（2 品目）がある．

現在国内で消費される生薬の約 95 ％を輸入に頼っており，最大の輸入相

第3章 植物資源の多様性とその利用

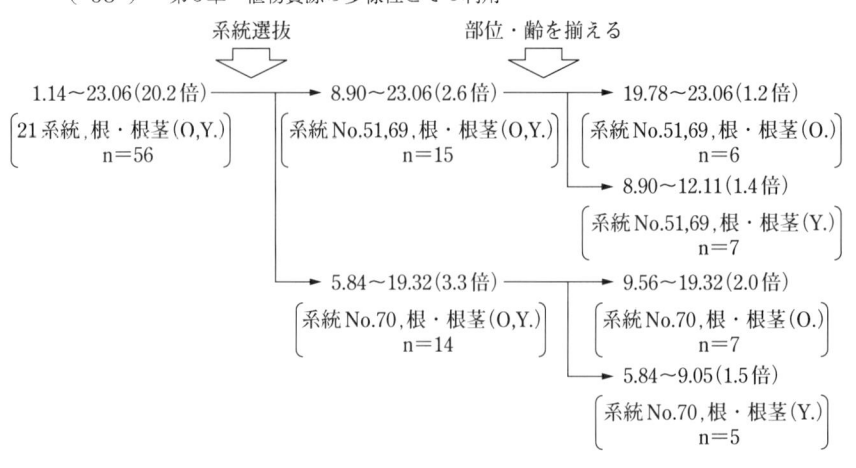

```
                    系統選抜              部位・齢を揃える
                       ⇓                       ⇓
1.14～23.06(20.2倍) ─────→ 8.90～23.06(2.6倍) ─────→ 19.78～23.06(1.2倍)
[21系統,根・根茎(O,Y.)]     [系統No.51,69,根・根茎(O,Y.)]   [系統No.51,69,根・根茎(O.)]
    n=56                      n=15                        n=6
                                                   └→ 8.90～12.11(1.4倍)
                                                      [系統No.51,69,根・根茎(Y.)]
                                                            n=7
                       └→ 5.84～19.32(3.3倍) ─────→ 9.56～19.32(2.0倍)
                          [系統No.70,根・根茎(O,Y.)]    [系統No.70,根・根茎(O.)]
                                n=14                        n=7
                                                   └→ 5.84～9.05(1.5倍)
                                                      [系統No.70,根・根茎(Y.)]
                                                            n=5
```

図 3.2 風乾大黄における Sennoside A 含量（mg / g, dw）の変動に対する要因コントロールの効果

図中の系統 No. 51 と 69 は同一種の異なるクローン，Y は 1～2 年生の根茎，O は 3 年生の根茎

手国は中国である．国内で消費される生薬の大部分を外国，特に特定の国に依存することは，大きな問題を生ずるおそれがある．例えば，中国における自由経済の導入による作目の変更など国内情勢の変化や，気象条件による生産量の減少が考えられる．また，生産量の減少にともなう類似品の混入（ハンゲがない時に水半夏が輸入されたことがある）や同名異物の混入，基原植物が同一であっても，広大な地域から集荷されるために，産地により成分組成や含量の違うものが含まれることがある．さらに，収穫後の保存年数，保存条件によっても，生薬の品質は変化する．このように，多くの要因によって輸入生薬の品質は不安定なものとなっている．著者らが調べたダイオウ（根茎および根を下剤として用い，センノサイド a，b などを含む）の系統，栽培年数による成分含量の変異を図 3.2 に示した．同一系統を用い，栽培年数を同じにすることで，成分含量の変異を少なくすることができる．

輸入に依存している場合には，1972 年の世界的な異常気象によるアメリカの大豆輸出禁止措置にみられるように，極端な場合には，輸入そのものができなくなることさえある．薬用資源については，野生動植物の保護の観点

からの麝香輸入の途絶,砂漠化防止のためのマオウ(風邪薬に配合され,気管支拡張作用をもつエフェドリンを含有)の輸出禁止などがその例である.

工業製品と異なり天産物を利用することから,気象条件などによる品質の多少の変動はやむをえないとしても,効果の再現性のためにも,生薬生産における量的・質的安定性の確保が必要不可欠である.

農業全書に,園に作る薬種 21 種が記載されており,江戸時代からシャクヤク,ニンジン(オタネニンジン),トウキ,センキュウなどが栽培されていた.1940 年以前にカノコソウ,ジギタリス,ジョチュウギク,ハッカなどが栽培されるようになり,サイコ(ミシマサイコ),コガネバナ,ダイオウ,トリカ

表 3.7　日本で栽培されている主な薬用植物(1996 年)

薬用植物名	生産量 (kg)	薬用植物名	生産量 (kg)
ガジュツ	2,782,466	タマサキツヅラフジ	8,425
トウキ	506,490	ドクダミ	7,720
センキュウ	335,697	カワラヨモギ	7,000
イチョウ	218,212	ヨモギ	5,654
オタネニンジン	162,221	ハマボウフウ	4,991
ミシマサイコ	140,164	マタタビ	4,500
アロエ	125,950	オウレン	4,372
シャクヤク	120,012	メハジキ	4,200
ハトムギ	94,901	カノコソウ	2,000
カリン	94,650	キハダ	1,200
ウコン	93,949	クコ	1,000
キバナオウギ	57,708	ゲンノショウコ	705
カワラケツメイ	42,675	エビスグサ	626
アマチャ	40,644	ヒキオコシ	600
カミツレ	29,264	ダイダイ	540
サンショウ	25,000	タラノキ	380
シソ	23,680	ウイキョウ	330
アカヤジオウ	19,320	ハッカ	218
マンネンダケ	16,850	サフラン	92
センブリ	15,410	キキョウ	70
クミスクチン	14,050	オオバコ	69
ナンテン	13,000	キササゲ	30
ハブソウ	8,983	ニワトコ	30
ヒロハセネガ	8,450		

データは「薬用植物(生薬)需給の現状と将来展望」による.

ブトなどは，比較的近年になって栽培されるようになったものである．日本特殊農産物協会編「薬用植物（生薬）需給の現状と将来展望」によれば，1996年現在，国内で栽培されている薬用植物は100種以上にのぼり，主なものは47種である（表3.7）．このうち，生産量の多いのは，次の10種である．

　　ガジュツ，トウキ，センキュウ，イチョウ，オタネニンジン，ミシマサイコ，アロエ，シャクヤク，ハトムギ，カリン．

　栽培面積は，2,580 haであり，栽培戸数12,333戸，単純に平均すると20 a/戸で，経営規模は極めて小さい．栽培地域は北海道から沖縄まで全国におよび，栽培面積は鳥取，長野，北海道，高知，群馬で多く，栽培戸数は長野，群馬，高知，大分，新潟で多い．薬用として多種多様な植物が利用され，それぞれの種については，生産規模も小さく，生産量も少ないことから，イネ，ムギのように育種されたものは少なく，これまでに種苗登録されているのは以下の4品種に過ぎない．

　　ダイオウ（品種名：信州大黄，1988年，武田薬品）
　　ジオウ（品種名：フクチヤマ，1988年，武田薬品）
　　トリカブト（品種名：サンワおくとりかぶと1号，1988年，三和生薬）
　　シャクヤク（品種名：北宰相，1996年，国立衛生試験所）

　栽培面では，オタネニンジンのように，土作りに1年，播種後収穫まで5〜6年と長い期間を要し，遮光資材を必要とするものから，オウレンのように，林間栽培されるものまで様々である．一方，生産は組合組織によるものと契約栽培が主であり，野菜，果実，花卉のように市場流通が確立していないのが現状である．薬用植物の多様性，価格の不安定性とともに，商品として売るのが難しいことが，薬用植物栽培の普及を困難にしている一つの要因と考えられる．

　このような現状を打開するためにも，個々の薬用植物についての，栽培技術の確立とともに流通面での整備が必要である．さらに，機能性と関連づけた新しい食材としての利用，観賞用植物としての利用，グランドカバーとしての利用など，薬としての利用に止まらず，多様な利用方法を模索する必要がある．

4. 景観形成植物資源

　日本列島は南北に長く，気候帯としては亜寒帯〜亜熱帯に位置し，3,000 mを超える高山を有する．また，ユーラシア大陸の東縁に位置し，冬には大陸の寒気の影響で，日本海側は多積雪地帯となる．

　ある地域の植生を決定づける要因は，気候要因（気温，降水量，日長，日射量，積雪量など），地理的要因（地史，地形，土質など）および生物的要因（動植物や人間活動など）に分類される．これらの要因は，相互に影響しあいながら植生を決定づけているが，影響の大小は地域によって異なる．世界的にみれば，気温と降水量が最も影響の大きな要因（限定要因）である．しかし，日本では梅雨，秋雨および日本海側の冬季の積雪にみられるように，降水量の不足が問題となることは少なく，気温が限定要因となっている．気温は，緯度や標高によって異なるが，温度条件が等しい地域には，類似した植生が発達する．本州では亜高山帯〜高山帯にみられる植生が，北海道では平地〜低山帯に発達するのは，その一例である．

　最近では，生物的要因の一つである，人間活動の植生変化に及ぼす影響が極めて大きい．世界的には，農地開発を目的としたアマゾン川流域の乱開発や，国内的には，宅地造成，農地の基盤整備など，開発・整備事業の影響，中山間地の過疎化，農業における肥料，薬剤の多投などである．

　景観という言葉は，風景，景色と同じ意味で用いられることが多い．したがって，景観形成植物とは，風景，景色を形作る植物を指す．景観の設計と管理は，造園学の範疇に入るものとされてきたが，従来の造園は日本庭園に象徴されるような，自然を一定の空間に再現すること，都市計画における公園，街路樹などの配置と管理など，ある限られた空間を対象としてきた．生態学の一分野として，景観を構成する要素の分布パターンやその時間的変化を人間活動と関連づけて取り扱う景観生態学の発達と相まって，造園学においても風致計画，景観保有といった概念が導入され，対象とする空間も拡大し，ダイナミックとなった．

　景観を構成する植物は，上に述べたような自然植生を反映したものと，農

耕地や都市緑地に栽植される人工的なものに大別される．鬱蒼とした熱帯雨林や乾燥地に適応した多肉植物，あるいは国内の亜高山帯～高山帯に分布するハイマツ，オオシラビソなどの高山植物，里山のケヤキ，ナラ，クヌギなどの雑木，水辺のアシ，ガマなどの水生植物，海岸に自生のみられるハマヒルガオ，ハマエンドウ，コウボウムギなどの海浜植物が前者の例である．一方，田園風景に代表されるように，作物として栽培される植物や，公園，街路樹として栽植されるケヤキ，イチョウ，サクラ，ツツジなどの緑花木が後者の例である．

　植物を景観形成資源として利用する場合人工的とならざるを得ない．その際，特に留意すべき点は，自然との調和であり，自然を背景とした「らしさ」と機能性である．「らしさ」を演出するには，植物資源として，それぞれの地域に適した植物種を利用することであり，その地方に自生する植物すべてが対象となる．一方，工業地帯，道路などに設けられる緑地帯などでは，緑を維持していくために，植物の耐性が問題となる．大気汚染に耐性の高い植物の例を表3.8に示した．

　広々とした耕地を区切るカラマツ林の北海道らしさ，大型機械の利用に適した機能性であり，スギ木立に囲まれた家屋の散在する散居村などがその例である．逆にいえば，耕作放棄地と化した水田は，耕地らしくないのである．耕地を耕地らしく保つには，耕作放棄地を減らし，転作作物，裏作作物を積極的に導入することで，耕地利用率を向上させることが重要である．観光資源としてのヒマワリやコスモスの作付けも積極的取り組みの一例と考えられる．この外に，水田へのムラサキイネの作付けなどの例がある．また，耕地の法面の雑草防除と保全を目的とした，グランドカバーとしての利用も考えられる（表3.9）．これらは，日本農業の置かれている現状を打開するための，一つの努力であり，今後新しい「農の風景」が創造されるきっかけとなると思われる．

表3.8 大気汚染に対する耐性が高い樹種とその特徴

植物名	科名	特徴
アオギリ	アオギリ科	落葉広葉の高木，葉身大型，暖地に分布
イチョウ	イチョウ科	裸子植物，中国原産の落葉広葉の高木，雌雄異株，果実に異臭がある
イヌツゲ	モチノキ科	常緑広葉の小高木，雌雄異株，岩手以南に分布
イヌマキ	マキ科	裸子植物，常緑細葉の高木，雌雄異株，関東以西に分布
イブキ	ヒノキ科	裸子植物，常緑針葉の高木，雌雄異株，東北以西に分布，カイズカイブキはイブキの枝変わり品種でナシの赤星病の中間寄主となる
ウバメガシ	ブナ科	常緑広葉の低～中木，薪炭材としても利用
カナメモチ	バラ科	常緑広葉の低～高木，アカメモチとも呼ばれる，東海道以西に分布
キョウチクトウ	キョウチクトウ科	インド原産の落葉広葉の高木
クスノキ	クスノキ科	常緑広葉の高木，暖地に分布
ゲッケイジュ	クスノキ科	地中海沿岸原産の常緑広葉の中高木，芳香があり葉をスパイスとして利用
サカキ	ツバキ科	常緑広葉の低木，茨城・石川以西に分布
サザンカ	ツバキ科	常緑広葉の小高木，暖地に分布，園芸品種多数
サンゴジュ	スイカズラ科	常緑広葉の高木，生長が早く一時垣根などに利用されたが，サンゴジュハムシの食害に注意，関東南部以西に分布
トウカエデ	カエデ科	中国原産の落葉広葉の高木
トベラ	トベラ科	常緑広葉の低木，雌雄異株，関東以西の海岸に分布
ハイネズ	ヒノキ科	裸子植物，常緑針葉の低木，雌雄異株，全国の海岸砂地に分布
ヒイラギ	モクセイ科	常緑広葉の小高木，雌雄異株，関東以西に分布
ヒサカキ	ツバキ科	常緑広葉の低木，岩手・秋田以南に分布
マサキ	ニシキギ科	常緑広葉の低木，北海道南部以南に分布
モチノキ	モチノキ科	常緑広葉の高木，雌雄異株，東北南部以南に分布

第3章 植物資源の多様性とその利用

表3.9 グランドカバーとして利用される植物とその特性(シバ類を除く)

植物名	学名	科名	特性・適地
アジュガ	*Ajuga reptans*	シソ科	常緑多年草, 10 cm 前後, 陽地・日陰地, 耐寒性, 株分け, 北海道中部以南, 天端・法面
アマドコロ	*Polygonatum odoratum* var. *pluriflorum*	ユリ科	夏緑多年草, 40〜50 cm, 半日陰地, 耐干性, 株分け, 本州以南
カキドウシ	*Glechoma hederacea* var. *grandis*	シソ科	常緑多年草, 陽地・日陰地, 耐寒性, 株分け・挿し木, 全国
カンスゲ	*Carex morrowii*	カヤツリグサ科	常緑多年草, 40 cm 前後, 半日陰地, 耐寒性, 株分け・種子繁殖, 本州以南, 天端・法面
ギボウシ類	*Hosta* spp.	ユリ科	夏緑多年草, 50 cm 前後, 半日陰地, 耐干性弱, 株分け・種子繁殖, 北海道南部以南, 法面
シバザクラ	*Phlox subulata*	ハナシノブ科	常緑多年草, 5〜10 cm, 陽地, 耐寒性, 耐陰性弱, 株分け・挿し芽, 全国, 天端・法面
シャガ	*Iris japonica*	アヤメ科	常緑多年草, 40〜70 cm, 半日陰地・日陰地, 耐寒性弱, 株分け, 関東以西, 法面
シラン	*Bletilla striata*	ラン科	夏緑多年草, 30〜50 cm, 陽地, 耐寒性弱, 株分け, 関東以西, 法面
シロツメクサ	*Trifolium repens*	マメ科	夏緑多年草, 10〜15 cm, 陽地, 耐寒性, 種子繁殖, 全国
セキショウ	*Acorus gramineus*	サトイモ科	常緑多年草, 20〜30 cm, 半日陰地, 冠水抵抗性, 株分け, 本州以南, 水湿地・天端・法面
ドイツスズラン	*Convallaria majalis*	ユリ科	夏緑多年草, 20 cm 前後, 半日陰地, 耐寒性, 株分け, 全国
ハイキンポウゲ	*Ranunculus repens*	キンポウゲ科	半常緑多年草, 15〜30 cm, 陽地, 耐寒性・耐踏圧性, 株分け, 本州中部以北
ヘメロカリス	*Hemerocallis* spp.	ユリ科	夏緑多年草, 60 cm 前後, 陽地, 耐寒性・耐干性, 株分け, 北海道中部以南, 法面

4. 景観形成植物資源

表3.9 グランドカバーとして利用される植物とその特性（シバ類を除く）（つづき）

植物名	学名	科名	特性・適地
ポテンティラ	Potentilla verna	バラ科	常緑多年草，〜5 cm，陽地，耐寒性，株分け・挿し芽，北海道中部以南，天端・法面
マツバギク	Lampranthus spectabilis	ザクロソウ科	常緑多年草，〜10 cm，陽地，耐寒性弱・耐干性，株分け・挿し木，関東以西，法面
ヤブラン	Liriope platyphylla	ユリ科	常緑多年草，40〜50 cm，陽地・半日陰地，耐寒性，株分け，本州以南，天端・法面
リュウノヒゲ	Ohiopogon japonicus	ユリ科	常緑多年草，10〜20 cm，陽地・半日陰地・陰地，耐寒性・耐暑性・冠水抵抗性，株分け，全国，天端・法面
つる性			
オオイタビ	Ficus pumila	クワ科	常緑多年草，陽地・半日陰地，耐寒性弱，挿し木，関東以西，壁面・法面
ツルニチニチソウ	Vinca major	キョウチクトウ科	常緑多年草，陽地・半日陰地，耐寒性，株分け・挿し木，北海道南部以南，法面
テイカカズラ	Trachelospermum asiaticum var. intermedium	キョウチクトウ科	常緑多年草，陽地・半日陰地，挿し木・種子繁殖，北海道南部以南，天端・法面
ヘデラ類	Hedera spp.	ウコギ科	常緑多年草，陽地・半日陰地・日陰地，耐寒性，挿し木，北海道南部以南，法面
ササ類			
オカメザサ	Shibataea kumasaca	イネ科	常緑多年草，陽地・半日陰地，耐寒性・耐暑性，地下茎の移植，北海道南部以南，法面
オロシマチク	Pleioblastus pygmaea var. distichus	イネ科	常緑多年草，陽地，耐踏圧性，地下茎の移植，本州以南，法面
クマザサ	Sasa veitchii	イネ科	常緑多年草，半日陰地，耐寒性，地下茎の移植，全国，法面
コクマザサ	Sasa veitchii f. minor	イネ科	常緑多年草，半日陰地，耐寒性，地下茎の移植，北海道中部以南，法面

5. 環境浄化植物資源

　環境をクリーンに保つには，環境に負荷をかけるような物質を，環境中に放出しないことがまず第一である．

　無機環境は，大気，水，土壌に大別して考えることができる．植物は光合成により，大気中から二酸化炭素を吸収し，酸素を放出している．熱帯雨林の減少による大気中の二酸化炭素の増加と地球温暖化との関係にみられるように，大気の組成の維持に植物が大きく関わっている．しかし，大気の浄化と植物との関係は，二酸化炭素と酸素以外については，現在のところ不明な点が多い．また，土壌と植物との関係については，土壌形成における植物の役割や，農耕地における土壌の物理・化学性の改善と植物との関係などの研究例が多く，重金属を吸収・蓄積する植物の検索などの例はみられるが，やはり不明な点が多い．ここでは，比較的研究の進んでいる，水質の浄化と植物との関係について述べる．

　日本の河川の水質は，昭和40年代の高度経済成長期をピークに，その後改善されてきた．一方，湖沼，貯水池，溜池などの閉鎖水域の富栄養化が問題となっている．諏訪湖，霞ヶ浦などにおける，植物プランクトンの異常増殖によるアオコの発生がその例である．富栄養化の主な原因物質は，窒素とリンであり，生活排水，畜産におけるし尿，農耕地への過剰な施肥による．このように発生源の特定できるものについては，下水道の整備，適切な処理施設・技術の開発など，発生源対策が基本である．

　水中に低濃度で存在する窒素やリンの除去に植物を利用することができる．有機態窒素は分解されてアンモニア態窒素となり，アンモニア態窒素は酸化されて硝酸態窒素となる．このアンモニア態および硝酸態窒素が，植物に吸収・利用される．したがって，植物の水質浄化作用は，植物体そのものの吸収による直接的効果と，分解微生物に生息場所を提供する間接的効果とからなる．

　水質浄化作用の高い植物は水生植物に限らず，陸生植物にも認められ，浄化速度の速い植物として，パピルス，アシ，カラー，イネなどの水・湿地生

植物, イタリアンライグラス, ソルガム, ケナフ, オオムギなどの陸生植物が報告されている. 植物の吸収による水質浄化の直接的効果を期待する場合には, 用いる植物の耐湿性あるいは耐水性が問題となることはいうまでもない. 植物体に吸収された窒素やリンは, 植物体の枯死・分解により, 再び水系に戻ってしまう. したがって, 水質浄化に利用した植物体を回収し, 緑肥として利用するなど, 回収バイオマスの有効な利用法の開発が必要となる. 吸収能の高い植物として, ホテイアオイが一時注目されたが, 低温耐性が低く, 冬に枯死することや, 浮標性のため植物が流されてしまうこと, 回収植物の利用法が確立されていなかったことなどにより, 実用化に至らなかった.

水質浄化と結びつけた植物資源の利用方法としては, 後に述べる緑肥としての利用の外に, 景観形成植物を利用した水上花壇, 水上菜園の設置やビオトープにおける利用が考えられる.

6. アレロパシー・緑肥植物資源

前節で述べた環境浄化植物資源は, すでに環境中に存在する物質の除去に用いられる, いわば対策としての利用である. 本節では, 植物の持つ性質を利用して, 肥料の投入量を減らしたり, 殺虫・殺菌剤など農薬の減量, 散布回数の減少などによる環境に対する負荷を減らすために用いられる, いわば発生源対策としての, 植物の予防的利用について述べる.

アレロパシーは, 他感作用と訳されることもあるが「微生物を含め, すべての植物相互間の生化学的な関わり合い」と定義されている. したがって, アレロパシーには, 促進的な作用とともに, 阻害的な作用も含まれる. また, 養水分の吸収や光の相互遮蔽などの単なる競合と異なり, アレロパシー物質が存在し, その多くは植物の二次代謝産物である. それらは化学的にはフェニルプロパン, アセトゲニン, テルペノイド, ステロイド, アルカロイドに分類される. アレロパシー物質の例と, それを生産する植物を表3.10に示した.

アレロパシー作用に関する研究例は, 阻害的作用で多く, 種子の発芽抑制,

表 3.10 アレロパシー物質と産生植物の例

植物名	アレロパシー物質	作用
アカクローバ	サリチル酸 2,4-ジヒドロキシ安息香酸	アカクローバの生育抑制
センジュギク	α-テルチェニル	実生の生育阻害
イチビ	フェノール性化合物	ダイコンの発芽抑制 ダイズ幼植物の生長阻害
エンバク コムギ ソルガム トウモロコシ	p-クマル酸 シリンガ酸 バニリン酸 p-ヒドロキシ安息香酸 フェルラ酸	コムギ実生の生育阻害
オオムギ	グラミン	ハコベの生育阻害
カラスムギ	スコポレチン バニリン酸	春コムギの生育抑制
キハマスゲ	p-クマル酸 シリンガ酸 バニリン酸 p-ヒドロキシ安息香酸 フェルラ酸	エンバク子葉鞘の伸長抑制 作物の種子発芽抑制 ダイズ,トウモロコシの生育阻害
サルビア属	カンファー シネオール	実生幼根の生育阻害
セイタカアワダチソウ	cis-デヒドロマトリカリア エステル	センジュギク,ススキ, ブタクサの発芽阻害
ソルガム	p-クマル酸 m-ヒドロキシ安息香酸 プロトカテク酸	ソルガムの生育阻害 ペレニアルライグラスの生育阻害
チガヤ	イソクロロゲン酸 クロロゲン酸 スコポリン スコポレチン	イネ,ソルガム,トウモロコシ, キュウリ,トマトの根の伸長阻害
ナガバギシギシ	フェノール性酸	ソルガム,ダイコンの発芽阻害
ヒメジョオン	cis-マトリカリアエステル $tras$-マトリカリアエステル cis-ラキノフィラムエステル	ブタクサの発芽阻害
ホウキギ	フェノール性酸	ダイコン,ホウキギの幼植物根の伸長抑制
ミチヤナギ	フェノール性酸配糖体	シロザの発芽,実生の生育阻害
ムギナデシコ	アグロステミン アラントイン ジベレリン	コムギの生育促進
リンゴ	フロリジン	リンゴ実生の生育阻害

芽生えの伸長阻害などが主である．例えば，最近日本でも問題となっている，帰化雑草の一種であるイチビについては，生葉の水抽出液によるダイコンの発芽抑制，ダイズ幼植物の生育阻害がみられ，アレロパシー物質としてフェノール性化合物の関与が報告されている．帰化雑草の一種であるセイタカアワダチソウについては，ブタクサの発芽を阻害する物質を有し，植物遷移にも関係している．作物のアレロパシー物質としては，オオムギのグラミンによる，畑地雑草であるハコベの生育阻害例がある．一方，ムギ類，ソルガム，トウモロコシなどイネ科作物が，同属あるいは同種の植物生育を阻害する例も多く，連作障害の一要因と考えられる．促進作用を有するアレロパシー物質が，単離・同定された例は少ないが，ムギナデシコのアグロステミンはその一例といえる．

クマザサ，ショウガ，トウガラシ，ニンニクなどが抗菌作用を有することは，古くから知られ，食品の保存などにも利用されてきた．これらの植物は，抗菌活性を示す物質，例えばニンニクのアリインなど，を二次代謝産物として含有している．一方，植物が本来有する抗菌物質とは別に，菌の感染により植物体内で新たに合成される抗菌物質は，ファイトアレキシンと総称され，広い意味でアレロパシー物質と考えることもできる．ファイトアレキシンの例として，以下のものが知られている．

 ピスタイン（マメ科植物），イポメアマロン（サツマイモ），6-メトキシメレイン（ニンジン），リシチン，リシチノール（ジャガイモ），ゴシポール（ワタ）

古くはヨーロッパにおける三圃式農法にみられる休閑地の導入や，日本における田畑輪換栽培など，耕地の肥沃度の維持・改善，雑草や病害虫の防除を目的として，時代にそくした様々な技術が用いられた．緑肥植物の利用もこの流れに沿った一つの取り組みであるが，最近は緑肥植物本来の効果とともに，環境浄化や景観形成など新たな機能についても注目されている．表3.11に緑肥植物の効果と利用される植物の例を示した．

緑肥植物の効果は，複合的で単純なものではないが，物理・化学性の改善などの無機的効果と，生物相の改善など有機的効果およびその他の効果に大別

表3.11 緑肥植物とその利用

植物名	利用タイプ	効果	品種
イネ科			
イタリアンミレット	休閑緑肥	有機物の補給 土壌保全 センチュウ対抗植物	すきこみそう
イタリアンライグラス	休閑緑肥 後作緑肥 間作緑肥 越冬緑肥	有機物の補給 土壌保全 センチュウ対抗植物	サクラワセ マンモスB
エンバク	休閑緑肥 後作緑肥 間作緑肥	有機物の補給 土壌保全 防風 センチュウ対抗植物	オーツワン サイアー トチユタカ ニューオーツ ネグサレタイジ ハイオーツ
ギニアグラス	休閑緑肥 後作緑肥 間作緑肥 施設緑肥	有機物の補給 土壌保全 塩類除去 センチュウ対抗植物	ソイルクリーン ナツカゼ
コムギ	間作緑肥	マルチ（敷きわら代替）	マルチコムギ
ソルガム	休閑緑肥 後作緑肥 間作緑肥 施設緑肥	有機物の補給 土壌保全 防風 塩類除去 センチュウ対抗植物	キングソルガム グリーンソルゴー つちたろう にんにくソルゴー ファーストソルゴー
トウモロコシ	休閑緑肥	有機物の補給 土壌保全 センチュウ対抗植物	緑肥用トウモロコシ
ライムギ	休閑緑肥 越冬緑肥	有機物の補給 土壌保全 センチュウ対抗植物	緑春

表3.11 緑肥植物とその利用(つづき)

植物名	利用タイプ	効果	品種
マメ科			
アカクローバ	休閑緑肥 後作緑肥 間作緑肥	空中窒素の固定 土壌保全 透水性の改善	緑豊 緑肥用アカクローバ
クリムソンクローバ	休閑緑肥	空中窒素の固定 土壌保全 景観美化(深紅色花)	
クロタラリア	休閑緑肥 後作緑肥 施設緑肥	空中窒素の固定 センチュウ対抗植物 景観美化(黄色花)	コブトリソウ ネコブキラー ネマキング ネマクリーン ネマコロリ
セスバニア	休閑緑肥	空中窒素の固定 有機物の補給 土壌保全 透水性の改善	セスバニアストラータ 田助
レンゲ	越冬緑肥	空中窒素の固定 土壌保全 景観美化(ピンク花) 密源	
アブラナ科			
シロカラシ	休閑緑肥 後作緑肥	有機物の補給 土壌保全 透水性の改善 景観美化(黄色花)	キカラシ サーバル 緑肥用からしな
キク科			
マリーゴールド	休閑緑肥 間作緑肥	有機物の補給 センチュウ対抗植物 景観美化	アフリカントール セントール マサイ
ハゼリソウ科			
ファセリア	休閑緑肥	有機物の補給 土壌保全 景観美化(紫花)	アンジェリア

できる.

① 物理性の改善

緑肥植物を鋤込むことや，深根性の植物を作付けすることで，土壌中の有機物が豊富となり，団粒形成（特に耐水性団粒）が促進される．孔隙率が増加し，透水性，保水性が改善される．また，深根性の植物は，地下深く根を伸ばし広い範囲の水分を利用することから，過剰水分除去の効果が期待できる．

② 化学性の改善

マメ科植物では，根粒菌の共生による空中窒素の固定により，土壌が肥沃化する．緑肥植物は，土壌中で微生物により分解され腐植を形成する．腐植は栄養腐植と耐久腐植に大別され，前者は有用微生物の成育を促進し，後者は土壌中で安定で，水分や肥料分の保持能力・土壌の緩衝能を高める．肥沃化による施肥の減量化とは逆に，環境浄化植物として過剰な養分の除去効果が期待できる．特に，塩類集積が問題となる施設での利用が考えられる．

③ 生物相の改善

根は多糖類からなる有機物（ムシゲル）を放出し，根圏微生物が豊富となる．根圏微生物は，土壌中の有機物の分解を促進する．内生菌根菌の共生により，リン酸吸収能を高める．病害虫の防除面では，異なる科（例えばイネ科とマメ科など）の緑肥植物を混植あるいは輪作体系に組み込むことで，病原菌や害虫の密度を下げる効果がある．根菜類で被害の大きいセンチュウ（ネグサレセンチュウ，ネコブセンチュウ，シストセンチュウ）対策として，従来は土壌消毒など農薬が用いられた．しかし，対象とする面積が広く，残留性や天敵をも殺してしまうなど問題も多く，最近では緑肥植物による防除が注目されている．

④ その他

土壌侵食の防止や雑草繁茂の抑制，防風植物としての利用など，環境保全効果．耕地の耕地らしさを演出する景観形成効果．観光資源としての効果など．

アレロパシー能を有する植物や緑肥植物の直接的な利用法としては，間作

や輪作体系に組み込むことや，マルチ資材として利用することなどが考えられる．実際の利用に当たっては，組み合わせる植物の種類，前後作との関係など，様々な要因によって，その効果が左右される点に注意をはらう必要がある．一方，間接的な利用法としては，植物から有効成分を抽出し，その抽出液（植物抽出エキス）を用いる方法もある．直接的な利用法では，上に述べた物理・化学・生物的な様々な複合効果が期待できるのに対して，間接的な利用法では，複合効果は期待できない．

引用文献および参考文献

阿部　薫 1998. 植物－濾材系 (バイオジオフィルター) 水路による水質浄化　農業技術，53：357～361.

有田博之・藤井義晴 編著 1998. 畦畔と圃場に生かすグランドカバープランツ　農山漁村文化協会，東京.

ヴァヴィロフ N. 1980. 栽培植物発祥地の研究　中村英司 訳，八坂書房，東京.

ドゥカンドル 1976. 栽培植物の起原 上，中，下　加茂儀一 訳，岩波書店，東京.

江原　薫 1987. 芝草と芝地　養賢堂，東京.

藤巻　宏 編 1998. 地域生物資源活用大事典　農山漁村文化協会，東京.

橋爪　健 1997. 緑肥を使いこなす　農山漁村文化協会，東京.

ハーバート G. ベイカー 1975. 植物と文明　阪本寧男・福田一郎 訳，東京大学出版，東京.

星川清親 1980. 栽培植物の起原と伝播　二宮書店，東京.

星川清親 編著 1996. 植物生産学概論　文永堂出版，東京.

星川清親 1996. 新編食用作物　養賢堂，東京.

ルイス W. H.，エルビン・ルイス M. P. F. 1985. 臨床医学と薬用植物　大塚恭男・丁宗鉄 訳著，エンタプライズ，東京.

村上光正 編 1996. 環境用水浄化実例集 (2)　パワー社，東京.

長井真隆 1994. とやま植物誌　シー・エー・ピー，富山.

長村智司 1999. 山野植物資源の園芸化　農業技術，54：348～352.

中尾佐助 1970. 栽培植物と農耕の起源　岩波書店，東京.

西山英雄 1982. 漢方薬と民間薬　創元社，大阪.

野口弥吉・川田信一郎 監修 1987. 農学大事典 養賢堂，東京.

農耕と園芸 編 1979. ふるさとの野菜 誠文堂新光社，東京.

農林水産省食品流通局野菜振興課 監修 1978. 特産野菜ハンドブック 地球社，東京.

ノーマン テイラー 1977. 世界を変えた薬用植物 難波恒雄・難波洋子 訳注，創元社，大阪.

農山漁村文化協会 編 1977. 農業技術大系 作物編 7 農山漁村文化協会，東京.

農山漁村文化協会 編 1993. 日本の食事事典 II 農山漁村文化協会，東京.

沼田 真 1994. 自然保護という思想 岩波書店，東京.

大沢 章 1996. 山菜栽培全科. 農山漁村文化協会，東京.

小沢知雄・近藤三雄 1994. グラウンドカバープランツ 誠文堂新光社，東京.

ライフシード・ネットワーク 編 1999. 雑穀～つくり方・生かし方～ 創森社，東京.

ライス E. L. 1991. アレロパシー 八巻敏雄・安田 環・藤井義晴 共訳，学会出版センター，東京.

阪本寧男 編 1991. インド亜大陸の雑穀農牧文化 学会出版センター，東京.

佐竹義輔・原 寛・亘理俊次・冨成忠夫 編 1993. フィールド版日本の野生植物 木本 平凡社，東京.

佐竹義輔・大井次三郎・北村四郎・亘理俊次・冨成忠夫 編 1995. フィールド版日本の野生植物 草本 平凡社，東京.

田淵敏雄・千賀裕太郎・山路永司・吉野邦彦・中村良太・久保成隆・中野政詩・宮崎毅・塩沢 昌 1994. 地域環境工学概論 文永堂出版，東京.

武内和彦・田中 学 1998. 生物資源の持続的利用 岩波書店，東京.

芳野省三 編 1999. 薬用植物(生薬)需給の現状と将来展望 日本特殊農産物協会，東京.

第4章 環境と植物生産技術

1. 植物生産に影響する環境要因

(1) 遺伝的能力と環境要因

　植物の生育過程や物質生産は，その植物の持っている遺伝的能力と環境要因との相互作用によって支配される．植物の基本的な機能は遺伝子が担っており，遺伝子は環境因子によって活性化され，遺伝子の持つ遺伝情報が表現形質となって発現される．植物の生育に重要な環境要因は，土壌から供給される窒素，リン酸，カリウムなどの無機養分，水，気温，太陽放射，二酸化炭素などである．植物の生育はこれらの物質やエネルギーに依存しており，これらの環境要因は環境資源とみなすことができる．環境資源の時間的，空間的な分布は植物の地理的分布，生育期間さらには物質生産量を決定する．好適な環境条件下では植物の遺伝的能力は十分に発揮されるため，高い物質生産量が期待できる．逆に，砂漠土壌，乾燥，暑熱・寒冷などの過酷な環境条件下では，植物の生育は貧弱で，生存が困難な場合もある．

(2) 植物生産システムの可動性

　植物と環境要因との関係は固定的なものではない．植物は環境要因の影響を受けつつ長い年月を経て進化し，その結果遺伝的に多様な植物種を生み出してきている．作物およびその品種は人間が有用な形質に注目して人為的に遺伝的形質を改変したものである．一方，環境要因もまた，それを構成する要因相互の作用や人間活動の結果により変動してきている．例えば，土壌の化学性および生物性はそこに生育する植物の残さや微生物の活動などにより大きく変化する．また，人間の生活・生産活動は大気中の二酸化炭素を増加させ，大気の気温上昇を招いている．さらに，温室の普及は遺伝的には生育不可能な地域や時期に，植物の生育を可能にしている．このように，植物と土壌，大気などの環境要因との間には複雑な相互作用があり，植物生産システムは構成要因の種類や状態（量，存在状態など）が常に変化している動的

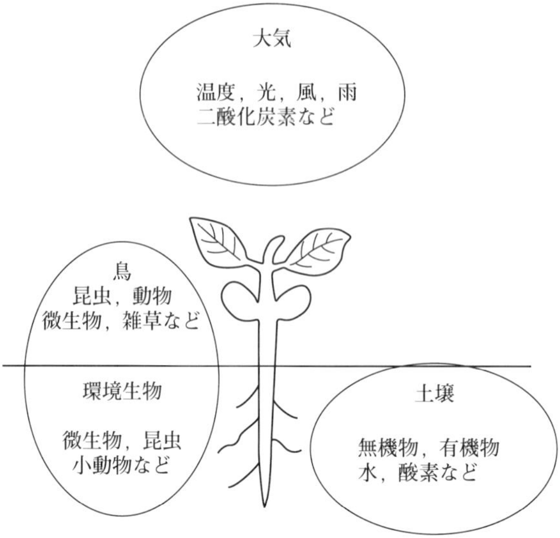
大気
温度，光，風，雨
二酸化炭素など
鳥
昆虫，動物
微生物，雑草など
環境生物
微生物，昆虫
小動物など
土壌
無機物，有機物
水，酸素など

図 4.1　植物生産システムの構成要因

なシステムということができる (図 4.1).

(3) 環境要因の改変と農業の持続性および地球環境

人間は，育種による作物の遺伝的能力の改変と，施肥や灌漑，病虫害・雑草防除などの栽培技術の改善によって，作物の生産量を増加させ，品質を向上させてきた．矮性遺伝子の導入による多収品種と施肥・灌漑技術をセットにした"緑の革命" (green revolution) によるコムギやイネ収量の飛躍的な増加はその好例である．これらの努力により，人口増加に伴う食糧の需要増加に応えることができた．反面，このような栽培技術は環境に強く働きかけ，結果として環境を大きく改変することになり，しばしば生態系の破壊，環境汚染を引き起こし，現在世界的な大問題となっている．不適切な灌漑による農地の塩類集積，過放牧による半乾燥地の草地の砂漠化，耕うんにともなう土壌侵食，肥料・農薬の多投による土壌，大気あるいは水質汚染などは，環境汚染だけではなく，農業生産の持続性をも脅かす問題である (表 4.1)．したがって，これからの作物生産技術は，生産量を維持・向上させると同時に，環境汚染・劣化を招かない，持続的な生産システムであることが要求される．

表 4.1 作物・家畜の栽培・飼養技術と環境汚染，生産システム劣化の事例

栽培・飼養技術	環境汚染，生産システム劣化の例
施肥量の増加	水質汚染（硝酸態窒素の流失）
	大気汚染（窒素酸化物の発生）
灌漑	塩類集積による土壌の劣化
耕うん	土壌侵食（降雨や風による土壌流失）
農薬の多投	環境生物の多様性の喪失
過放牧	草地の砂漠化

このような技術は，生産量を増大させることに主眼があった従来の技術に比べ，実現は容易ではない．

2. 土壌と植物生産

(1) 土壌特性と植物生産

土壌は植物が生活する場であり，植物は土壌から生育に必要な養分や水分を受容している．動物のように生活の場を移動できない植物は，与えられた土壌に根を張って生活するしかない．植物の生産に関与する土壌の特性は物理性，化学性および生物性に分けて考えることができる．

① 物理性

土壌の堅さ，通気性，地温，水分保持力，排水性などは，植物の生育の良否を支配する重要な土壌の物理的な特性である．これらの物理的な特性は，土壌構造，土壌の三相割合，土壌の比重，団粒構造の発達程度などによって支配される．

土壌三相の気相部分は土壌空気が占める．土壌中では，植物の根と土壌微生物の呼吸が活発に行なわれるため，土壌の下層ほど酸素量は減少し，二酸化炭素が増加する．このため，通気性の悪い土壌では，酸素の減少が根や微生物の活性低下を招き，植物の生育に悪影響を与える．作物の良好な生育には，土壌空気の 10% 以上の酸素が必要とされる．大型機械による作業は土壌を圧密化し，根の伸長を阻害する．このため，根系は浅くなり，根が吸収できる養水分の量が制限される（図 4.2）．

土壌温度は，植物の根の活性に直接影響するほか，土壌成分の化学反応と

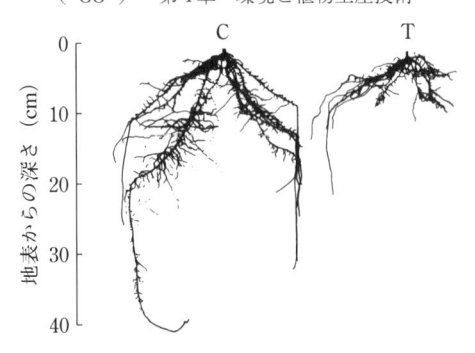

図 4.2 土壌の圧密と根の生育の関係.
トウモロコシを土壌容積重2水準（C：1.33g/cm^3，T：1.50g/cm^3）で生育させた．(IijimaとKono 1991)

微生物活性に大きく影響する．植物の発芽の最適地温は，25～35℃程度のものが多いのに対し，根の生長の最適地温は一般に発芽よりも低い範囲にある．

②化学性

土壌の化学性は植物の生育を強く規制する．なかでも，養分の化学組成，反応性および吸収性などが植物生育にとって重要な特性である．

植物の生育に必要な養分は，土壌中ではイオンの形で存在している．土壌中では，固体粒子の表面に保持されたイオンと土壌溶液に溶解しているイオンとの間で，交換反応が常に行なわれており，イオンを交換・保持する能力は，植物の生育を左右する極めて重要な土壌の化学的特性である．イオンは，鉱物の風化による溶出，土壌有機物の無機化あるいは施肥によって供給される．土壌中でイオンを保持する機能を持っているのは粘土鉱物と有機物の分解によって生成された腐植である．粘土鉱物と腐植はともに土壌コロイドを形成し，土壌中での化学反応に影響を与えている．土壌コロイドは通常の状態では負に荷電しており，カルシウム（Ca^{2+}），マグネシウム（Mg^{2+}），カリウム（K^+），ナトリウム（Na^+），アンモニウムイオン（NH_4^+），水素（H^+）などの陽イオンが吸着している．これらの陽イオンは他のイオンと交換されて土壌溶液中に出てくる性質があり，交換性陽イオンと呼ばれる．土壌に含まれる陽イオンは，交換態が溶存態（土壌溶液）よりもはるかに多い．土壌の交換性陽イオンの組成は，母材，気候，人為的要因によって規定される．

陽イオン交換の容量は陽イオン交換容量（Cation Exchange Capacity，CEC）と呼ばれ，土壌の養分保持・供給能を示す重要な指標である．CECは

乾土 100 g 当たり me で表示する．粘土鉱物の種類のなかでは，モンモリナイト，バーミキュライト，アロフェンを多く含む土壌は CEC が高く，カオリナイト，イライト，ハロイサイトからなる土壌は CEC が低い．腐植を多く含む土壌は CEC が高い．陽イオン交換基の大部分は粘土鉱物と腐植に存在するので，土壌の CEC は粘土鉱物の種類，粘土および腐植含量がわかれば推定できる．土壌 pH は，土壌溶液の H^+ と OH^- の濃度と活動度によって決まる．わが国のように雨の多い条件では，イオン交換体に吸着されている塩基が流亡し，代わりに H^+ や Al^{3+} が吸着されるので，酸性を示すことが多い．対照的に乾燥地域においては，カルシウムやマグネシウムが集積し，アルカリ性を示す．土壌 pH は養分の土壌溶液中への溶解度に関与する要因なので（図 4.3），pH の高低は植物の生育に大きく影響する．土壌 pH は土壌微生物の活動にも影響しており，糸状菌と細菌では生育・活動に好適な pH の範囲が異なる．作物の生育は中性付近が最も適しており，強酸性，強アルカリ性に対する耐性は植物の種類で異なる．エンバク，ライムギ，ヒエ，イネなどは酸性に対する耐性が強く，ダイズやアルファルファは弱い．

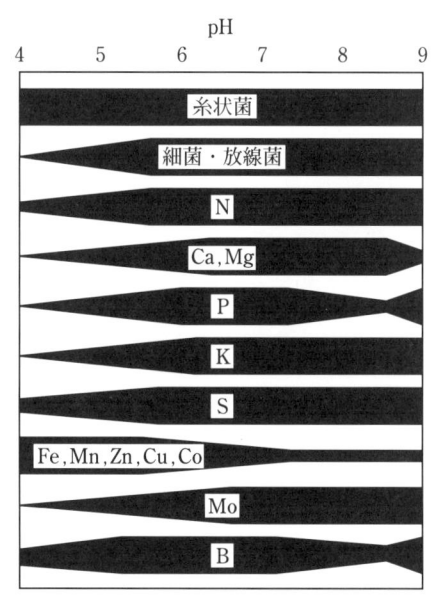

図 4.3 土壌 pH と微生物活性および植物養分の可給度（山本 1994）

通気性の良い畑土壌では，作土層は酸化的状態に維持される．一方，湛水条件の水田は嫌気的状態になり，還元状態になる．土壌の酸化・還元状態の表示は，酸化還元電位で表示される．還元が進行すると，硫化水素（H_2S）などの有害物質が生成しやすくなり，植物の根に障害を与える．特に，Fe や Mn の溶脱が進んだ水田では，硫化水素を無害な硫化鉄に変える作用が衰退

し，硫化水素による根の活性低下が起こり，水稲の生育に悪影響のあることが知られている．

③ **生物性**

土壌中には，ミミズ，ヤスデ，センチュウ類，原生動物などの動物類のほか，藻類，糸状菌，細菌などの微生物が生息している．ミミズなどの小動物は，落葉などの生物遺体を土壌内に運び込み，土壌内の空隙を増加させる．糸状菌や細菌は多糖類を産生して土壌粒子の凝集を促し，団粒構造の発達に寄与している．

土壌微生物はまた，土壌中の物質循環に大きく関与している．特に，窒素やリン酸の循環においては極めて重要な役割を果たしている．例えば，根粒菌はマメ科植物と共生関係を結び，空気中の窒素を植物に供給している．土壌微生物はまた，植物の遺体や施用有機物を分解して NH_4^+ などの土壌養分を富化する一方で，窒素化合物の溶脱や脱窒に関与し，土壌養分を減少させる働きも持っている（図4.4）．菌根菌は植物の根と菌糸を通じて共生関係を結び，植物に養水分を供給する作用を持っている．

土壌微生物は植物に寄生して病虫害を起こすものが多くあり，植物の生育に直接悪影響を及ぼしている．土壌中においては，植物と土壌中の動物および微生物を構成要素とする一つのシステムをなしており，このシステム内部

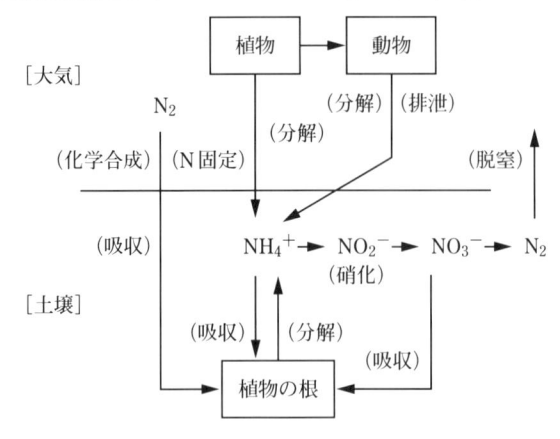

図4.4　土壌-生物-大気系における窒素の循環

では構成要素間で物質とエネルギーの交換を常に行なっている．システム内部の構成要素間の割合は，土壌の物理性や化学性および栽培管理によって大きく影響される．一般に，ある圃場に同一の作物を連作すると，その作物に寄生する病害虫が増え，作物の生育が阻害される．異なる作物を組み合わせて栽培する輪作は，土壌の生物相の偏りを防止する効果がある．

（2）施肥・土壌管理と作物の生育

自然状態にある植物は，通常場所の移動が不可能であり，生育の良否は生育している土壌の特性に決定的に依存せざるをえない．一方，作物栽培では，施肥，水管理および耕うんなどの人為的な手段により，生育に好適な土壌条件を与えることにより，作物の生産量を増大させることが可能である．

① 施肥と作物生育

植物の生育に必須な元素は炭素，水素，酸素，窒素，リン酸，カリウム，イオウ，カルシウム，マグネシウム，鉄，マンガン，銅，亜鉛，モリブデン，ホウ素，塩素の16種が知られており，これにナトリウムやケイ素なども必須とされる場合もある．これらの養分のうち，植物の要求量に対して最も供給量が少ない養分が生育を制限することから，この養分を最少養分と呼ぶ．また，この現象を最少養分律という．必須養分のうち，炭素，水素，酸素を除く元素の大部分は土壌から供給される．水田土壌では灌漑水からの供給も無視できない量である．これらの元素のうち，作物として共通にかつ多量に施用されるのは，窒素，リン酸，カリウムの三要素である．他の要素は作物の種類によって要求性が異なる．施肥にあたっては，土壌特性や気象条件と作物の栄養特性とを考慮し，肥料の形態，施肥時期，施肥位置（表4.2）および施肥量を決定する．1960年代以降，イネ，コムギ，トウモロコシなどの主要作物の収量の飛躍的な増加には，肥料の施用量の増加と，肥料の施用効果の

表4.2 施肥位置からみた各種施肥法の特徴

施肥位置	特徴
表層施肥	肥効が早く，施肥作業が容易である．成分が流亡しやすい．
深層施肥	肥効が遅く，持続する．施肥作業に労力を多く要する．
全層施肥	濃度障害が起こりにくい．肥料を多く要する．
側状施肥	肥料効率が高く，持続する．濃度障害を起こすことがある．

高い耐肥性の品種の育成が大きく寄与している．わが国では，多収と良品質を目的にした細かな施肥技術が発達している．多量要素以外の元素は特に不足が問題となる土壌で施用効果が期待される．適正施用量を越す事例が世界各地でみられ，耕地の系外への肥料成分の流失による環境汚染が問題となっている．

② 耕うんと作物生育

通常の作物栽培では，播種前の耕起，整地，生育中の中耕，培土など，作季中に数回の耕うん作業を行なう．耕うんは，土壌の物理性を改善し，作物の出芽，生育に好適な状態を作るとともに，雑草を防除する効果を持つ．耕うんは作物栽培においては必須の作業とみなされてきた．しかし，耕うんによる砕土や作物残さのすきこみは，降雨や風による土壌流亡を招きやすくする．特に，播種時に降雨量が多い傾斜畑では流亡する土壌の量は多く，耕地としての持続性が問題となっている．土壌流亡を防止することを主な目的として，近年，耕うんを行なわない不耕起栽培が南北アメリカを中心に急速に普及しつつある．不耕起栽培は，土壌流亡を防止し，トラクターの走行回数を減らすことができる利点を持つが，反面，除草剤への依存度が高く，土壌下層の物理性や化学性の改良が困難であるなどの問題点を抱えている（表4.3）．

表4.3 不耕起栽培の問題点

側面	問題点
土壌の物理性	下層の緊密化
土壌の化学性	下層の養分不足
病害	土壌伝染性病害の多発
雑草	除草剤への依存度増大
作付体系	単純な固定化した体系

3．水分と物質生産

（1）水資源と植物生産

水は光合成の基質であり，いろいろな溶質のすぐれた溶媒となることから，生命の維持に不可欠の物質である．植物体の含水量（全重量中に占める水分の割合）は通常 90％にも達する．根から吸収した水分は植物体の各部に配分され，最終的には吸収された水分の大部分は蒸散により大気中に放出されるため，植物の正常な生育には多量の水分を必要とする．乾燥地域では

消費水分に対する物質生産の効率が重要な問題である．その効率を表わす指標としては，水利用効率（water use efficiency）や要水量（water requirement）などが用いられる．水利用効率は，乾物生産量（あるいは収量）に対する蒸散量（あるいは蒸発散量）で表わす．乾物1gを生産するために必要な水分量（蒸発散量）を要水量と呼ぶ．水利用効率や要水量は植物の種や環境条件によって変動し，C_4植物はC_3植物よりも利用効率が高く，同じ種の場合には好適な条件で生育した場合に効率が高くなる傾向がある．

（2）水ストレスと作物生産

植物体内の水分状態は，個体全体では，根による吸水量と葉からの蒸散量の差によって決まる．植物体内の水の流れは，土壌-植物-大気と連続する一つの系として考えることができる．この系における水の移動は水ポテンシャルの落差により，高い方から低い方に流れる．土壌から吸水された水が植物体内を経て気孔から大気へと流れるのは，水ポテンシャルがこの順に低くなっているためである．土壌水分が低下したり，大気の蒸散要求が高まった場合には植物体内の水ポテンシャルは低下し，水ストレスが生じる．水ポテンシャルが低下すると，作物はまず葉の生長が抑制され，次いで光合成速度が低下する．図4.5はダイズを材料とした実験から得られたデータであるが，葉面積の拡大は－0.3 MPaから，光合成速度は－1.1 MPaからそれぞれ急激に低下している．このように，水ストレスは，まず葉面積の抑制を，次いで単位面積当たりの光合成速度の抑制を通じて個体全体の光合成能を低下させ，生長を抑制する．葉の生長や光合成速度が低下しはじめる水ポテンシャルの値は作物の種類や生育前歴によって異なる．開花期や結莢期の強度の水ストレスは，花器や若莢の脱落や子実の発育停止を招き，減収の原因となる．

植物体内の水ポテンシャルは

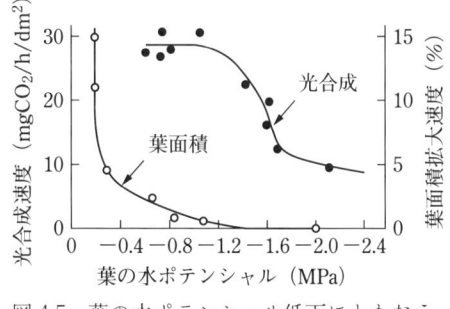

図4.5　葉の水ポテンシャル低下にともなう葉面積拡大速度および光合成速度の変化（Boyer 1970）．材料はダイズ．

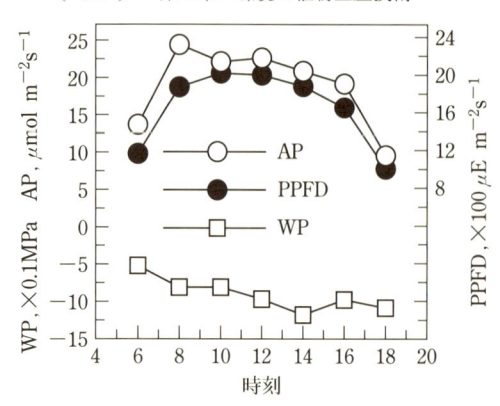

図4.6 葉の光合成速度（AP），光量子密度（PPFD），および葉の水ポテンシャル（WP）の日変化．材料はダイズ，晴天日の測定．

日変化することが知られている．通常の条件では，蒸散の盛んな日中に低下し，蒸散のない夜間から早朝にかけて高くなる．一方，光合成速度は，午前中に最大に達した後，日中に低下する現象が報告されており，これには水ポテンシャルの低下が関与しているものと考えられている（図4.6）．この現象は，畑作物だけではなく，常に湛水条件にある水稲でも認められていることから，日射が強く乾燥した条件下では，多くの作物で，蒸散要求に吸水能が追いつかず水ストレスを生じうることを示している．葉の水ポテンシャル低下に伴う光合成速度低下の生理的要因としては，気孔の閉鎖と明反応・暗反応系の活性低下の両者が関与しているものと推察されている．

畑作物では，土壌水分が過剰の場合には湿害を受ける．過湿条件では根の発達が阻害され，土壌中の酸素不足から根や根粒菌の活性が低下する．

（3）作物種の選択，灌漑による水ストレスの緩和

水分不足による水ストレスが起きやすい地域では，耐乾性の作物・品種を選択するか，灌漑を行なうことによって水ストレスによる作物の被害を緩和できる．イネ科作物ではソルガム，マメ科作物ではカウピー，ラッカセイなどが耐乾性が高い代表的な作物である．耐乾性に差異を生じる機構については十分解明されていない．葉の形態的変化や気孔の閉鎖による蒸散量の抑制，根を深く伸ばすことによる吸水能の向上，あるいは細胞内の溶質濃度を高めて浸透ポテンシャルを低下させる浸透調整の能力などが関係していると考えられている．コムギやソルガムなどでは，水ストレスを経験すると，細胞内の溶質濃度が高まり，浸透ポテンシャルが低下する．このような状態の

植物は再度水ポテンシャルが低下した場合に，葉の膨圧が高く維持され，気孔の閉鎖は小さく，光合成速度の低下も小さい．コムギやソルガムでは，浸透調整能の高い品種が選抜され，水ストレス条件下で減収程度が小さいことが示されている (Wright ら，1983：Morgan，1995)．

灌漑は降水量の少ない地域では広く行なわれている．灌漑のタイミングは，葉の水ポテンシャルと土壌水分および大気の気象データから算出した蒸発散速度などによって決定される．灌漑の実施方法は，散水灌漑（スプリンクラーなど），定置パイプ灌漑（ドリップ灌漑など），地表灌漑，地下灌漑などの方式がある．わが国の畑作ではスプリンクラーを用いた散水灌漑が多く採用されている．乾燥地における灌漑は，灌漑水に含まれる塩類の集積あるいは地下水に含まれていた塩類の地表への集積により，しばしば塩害の発生をもたらす．インド，中国，パキスタン，アメリカ，ロシアなど世界の主要な農業地帯において，灌漑農地の多くで塩類集積による作物生産への悪影響が出ている．わが国では，ビニールハウスにおいて塩害が発生することがある．塩類集積の最良の防止策は，十分な水の供給によって塩類を流去することである．しかし，もともと降水量の少ない地域で灌漑が多く行なわれており，塩害防止は容易ではない．ドリップ灌漑や地下灌漑は塩類を集積しにくい方法とされ，これらの塩類集積を招かない灌漑方法の改良が研究されている．

4．温度と物質生産

(1) 温度と植物の分布，生育

植物の分布は，温度，降水量，土壌などの環境要因によって一義的に規制される．特に温度と降水量は植物の分布，生育期間および生育量を強く規制している．自然植生では，低温に対する耐性や乾季における耐乾性が生存を決定する主要な要因となる．

植物の生育適温は植物種によって異なり，適温の温度域によって熱帯性，温帯性，寒帯性植物などに分類される．一年生植物の場合には生育期間の積算気温が分布を決める．多年生の場合には，夏の積算気温にくわえ，越冬期

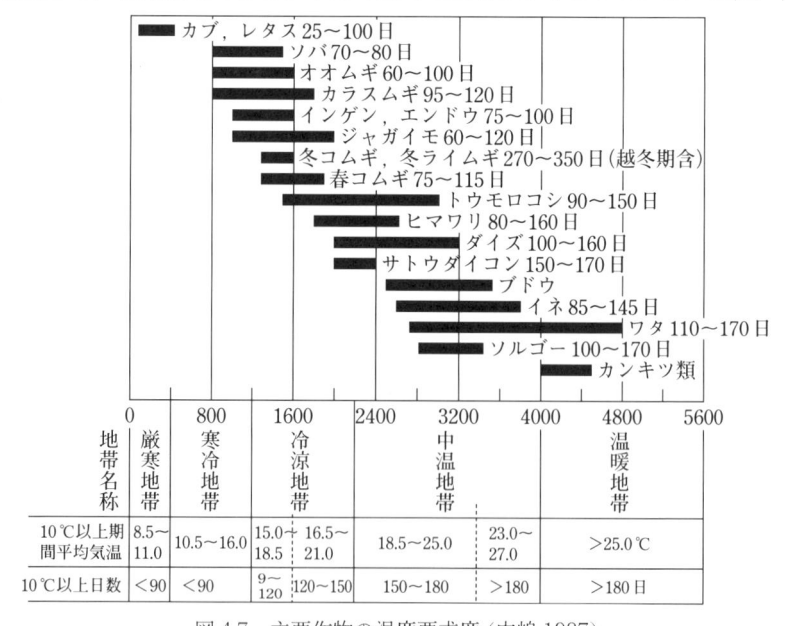

の低温の程度や根雪期間などが分布に影響する．子実を収穫目的とする作物では，生殖成長期や登熟期の高温・低温ストレスの発生頻度が作物種の分布に大きく影響する．図4.7は，主要な作物の生産に必要な積算気温（10℃以上）を示したものである．積算気温が800℃・日以下の寒冷地帯で栽培可能な作物はカブやレタスなどに限定されるが，1,600℃からはトウモロコシが，2,000℃からはダイズなどが，そして4,000℃以上ではカンキツがそれぞれ栽培可能であることを示している．近年における育種技術の進歩と，温室やマルチ資材などを用いた保温技術により，自然の分布よりも広い範囲で経済的な栽培が可能となった．例えば，北海道や東北北部における寒冷地では，イネの収量はかつては極めて低く，明治時代には2 t/ha台であったが，耐冷性品種の育成や育苗技術の進歩により，現在では5 t/haを越え，西南暖地を上回るまでになった．また，露地では栽培不可能な熱帯性の果樹類が温室を用いて栽培されている．さらには，本来の収穫時期とは異なる時期に栽培・収穫して，従来栽培できなかった時期での栽培も多くなっている．現在，世

地帯名称	厳寒地帯	寒冷地帯	冷涼地帯	中温地帯	温暖地帯
10℃以上期間平均気温	8.5～11.0	10.5～16.0	15.0～18.5 / 16.5～21.0	18.5～25.0	23.0～27.0	>25.0℃
10℃以上日数	<90	<90	9～120 / 120～150	150～180	>180	>180日

図4.7　主要作物の温度要求度（内嶋 1987）

界的に二酸化炭素やメタンなどの温室効果ガスが増加しており，それに伴い地球の温暖化が進みつつある．そのため，将来，植物の物質生産量の変化や作物の栽培適地の北上などが予測されている．

極端な高温・低温を除いた温度範囲では，温度は光合成速度にほとんど影響しないが，葉面積の相対生長率とは比例関係にある．葉の分化・拡大は，細胞の分裂と肥大が伴い，これらは温度依存性の強い酵素反応によるからである．したがって，高温や低温ストレスが生じない温度範囲では，温度は葉面積の拡大速度を通じて作物の生長速度，物質生産量を規制している．一方，作物は生育過程において，極端な高温，低温に遭遇することがしばしばある．このような場合には，生育量が十分でも，生理機能に大きな障害を受けるため，収量が大きく低下する．このような障害に対しては，発生機構の解明，育種による耐性品種の開発および栽培技術の改善の努力がなされている．

（2）低温ストレスと作物生産

低温ストレスは作物の全生育期間において障害を与える．発芽時の低温は出芽までの日数が長くなり，その間土中に生息する病虫害による被害が多くなる．生育前半の低温は生育量を少なくする．生殖生長期の低温は，花粉の活性低下を招く．登熟期の低温は一粒重の低下を招く．また，春季の降霜は，夏作物では生育初期の栄養器官（葉や茎）に，冬作物や多年生作物では生殖器官（花芽，花粉など）に障害を与える．この他，冬作物においては，冬季の異常低温や長期の根雪は寒害を招く．冬作物が越冬前に徐々に低温を経験すると耐凍性が増す．この現象を硬化（Hardening）という．硬化は，低温により細胞内の溶質濃度が増して浸透圧が高まり，細胞外への水移動の抑制と氷点が低下することによる．

作物では低温による障害を冷害と呼び，わが国ではイネで多くの研究が行なわれてきた．イネの低温ストレスによる障害の発生様相を生育時期別に述べると以下のようになる．まず移植後の活着期の低温は活着障害や生育遅延をもたらす．生育時期の前半に低温が長期に続く場合には，生育が大きく遅れ，登熟が完了しないうちに秋冷となり，減収する．このような型の冷害を遅延型冷害と呼ぶ．一方，幼穂形成期および開花期の低温は，不稔を発生さ

せることは古くから知られており，この型の冷害を障害型冷害と呼んでいる．発生機構については，わが国の佐竹らの研究グループによる研究により，低温に最も弱い時期は，花粉母細胞の減数分裂期直後の4分子期と第1収縮期を含む小胞子初期であることが明らかにされた（Satake and Hayase, 1970）．この時期は一つの頴花では1.5〜2日の短かい期間にすぎないが，株全体では数日間の幅があり，出穂10〜11日前を中心とした数日間に相当する（図4.8）．この時期に20℃以下の気温が数日続くような場合には障害型冷害の可能性が高くなる．開花期の気温が20℃以下の場合には受精障害により不稔が発生する．障害型冷害による被害程度は，低温の程度と期間によって大きな差が生じる．障害型冷害に対する耐性には品種間差異が認められ，耐冷性の強い品種の育成がなされている．登熟期の低温は登熟速度を低下させ，登熟未了のために粒の充実度が低下する．登熟期間の最高・最低平均気温と籾千粒重から判断して，登熟完了には22℃以上が必要とされている．イネの冷害への対策には，耐冷性品種の開発，適品種の配置と安

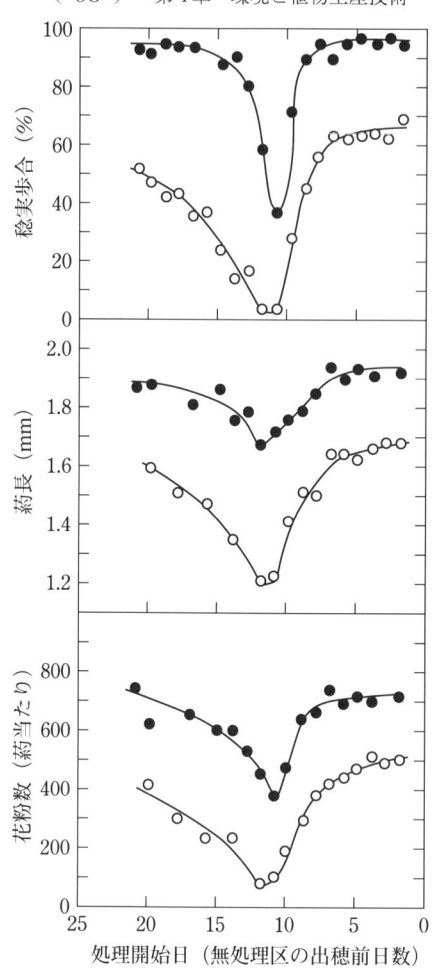

図4.8 生育時期別低温処理による稔実歩合，葯長および花粉数の変動（Satake 1991）．
品種：○農林20号，●はやゆき（耐冷性），
低温処理：12℃・3日間，育成温度24/19℃

全作季の確保,適切な施肥と水管理および病虫害の防除の徹底などがある.特に,耐冷性品種の育成や施肥・水管理の改善により,近年では壊滅的な被害を受けることは少なくなった.しかし,技術の進歩にもかかわらず,依然として冷害は数年に一度は発生している.最近では1993年に発生しており,作況指数が全国で74,北海道では40,東北では56という厳しいものであった(表4.4).このように,現在の技術水準は,水稲の冷害を克服したといいきることはできない.水稲以外の作物においても同様である.

表4.4 過去10年間のわが国の水稲収量と作況指数

年次	収量 (t/ha)	作況指数
1989	4.96	101
1990	5.09	103
1991	4.70	95
1992	5.04	101
1993	3.67	74
1994	5.44	109
1995	5.09	102
1996	5.25	105
1997	5.15	102
1998	4.99	98

農林水産統計(農林水産省統計情報部,1994/1999).

(3) 高温ストレスと作物生産

イネ,トウモロコシなどの夏作物では,夏季高温ストレスによる障害が問題になる.特に開花期頃の高温は花粉の稔性を低下させ,減収を招く.登熟期では高温により登熟期間の短縮による減収,品質低下が生じる.夏季の高温障害は高温と水分のいずれのストレスによるものか峻別が困難であり,複合的に被害を与える.フェーン現象による異常高温のため,イネでは白穂の発生がしばしば起こる.

高温による障害発生機構は低温ストレスに比べて不明な点が多い.物質生産の面からみた場合,適温を越える高温では,光合成速度は増加しないが,呼吸速度は顕著に増加するので,同化産物が浪費されることになる.近年,細胞レベルでの研究が多くなされ,高温は細胞膜の機能を阻害し,各種の生理機能に悪影響を与えていることが明らかにされつつある.

植物が適温以上の高温にさらされた場合,比較的短時間である程度の高温耐性を獲得することが知られている.このような例は,ダイズ,トウモロコシ,トマトなど多くの作物で観察されている.耐性増加に伴って特別なタンパク質が誘導されることが観察され,熱ショックタンパク質(heat shock

図4.9　ダイズの調位運動の品種間差異（農文協1990）.
品種：左 ミヤギシロメ，右 タマホマレ．タマホマレは日射の強い条件下では調位運動が活発で上位葉が立つ特性を持っている．

proteins：HSP）と呼ばれている．現在，このHSPが植物の高温耐性獲得においてどのような役割を果たすかについて研究が進められている．一方，個体レベルにおいては，高温を回避する機構がいくつか知られている．例えば，ある種の植物では，葉面に毛を密生させることにより，あるいは葉の調位運動により葉面角度を変えることにより，太陽の放射エネルギーの葉面積当たりの受容量を抑制し，葉温の上昇を抑制している．ダイズでは，調位運動の活発な品種が見出され，葉温上昇の抑制や個体群下層への透過受光量の増大などにより，物質生産量の増大に寄与していると推察されている（図4.9）．アフリカイネ（*Oryza glaberrima*）では，早朝に開花し，高温による受精障害を回避している例が報告されている（Nishiyama and Blanco, 1980）．

5．二酸化炭素濃度と物質生産

（1）二酸化炭素濃度の変動

大気中の二酸化炭素濃度（CO_2）は，産業革命前の1700年代までは280 ppm程度の濃度を保っていたものと推定されている．しかし，最近の調査に

よれば，18世紀中頃以降急激に増加の傾向が顕著になり，現在では360 ppm程度までに上昇している（図4.10）．この200年間におけるCO$_2$増加の最大の要因は，人口の増加に伴う日常生活や産業活動から排出される量が飛躍的に伸びたことに起因する．特に産業革命以降，生活も産業もいずれも化石燃料への依存度が高くなったことが大きく影響している．加えて，20世紀に入ってからは，CO$_2$の巨大な吸収・貯蔵庫としての機能を持っている森林の面積が急速に減少していることが，結果的にCO$_2$の増加をもたらしている．森林のなかでは，特に熱帯雨林の減少の影響が大きい．森林は全陸地植物量の約90 %を，なかでも熱帯雨林は約41 %を占めており，その面積減少はCO$_2$の吸収・貯蔵能の減少を意味しているからである．要するに，CO$_2$の排出量が増加したうえに，CO$_2$の吸収・貯蔵能が減少し，結果としてCO$_2$の濃度が急激に増加し続けているのである．

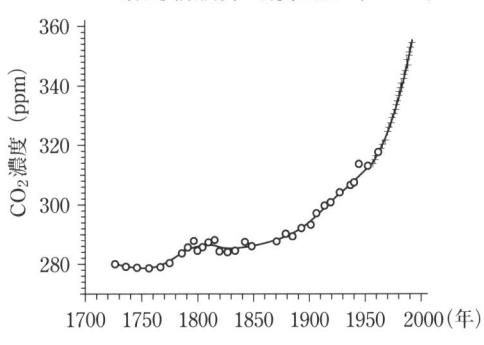

図4.10 過去250年間のCO$_2$濃度の変動（中澤 1999）．
○：南極の氷床コアの分析値
＋：南極点での直接観測値

　人間活動はCO$_2$のほかに，窒素酸化物，メタン，フロンなどの濃度も増加させている．これらのガスは，地表からの赤外放射を吸収し，大気の温度を上昇させる効果を持つことから，温室効果ガスと呼ばれている．これらのガスは地表付近の気温を生物の生存に好適な範囲に維持しているので，生物の生存には必須なものである．しかし反面では，その急激な変動は将来，生物の生存や生産量に大きな影響を与えるのではと懸念されている．

　CO$_2$の濃度は，歴史的な変動のほかに，地理的変動や日変化することが知られている．植物群落や作物個体群の葉層内のCO$_2$濃度は，光合成が活発に行なわれている日中に低下し，夜は高くなる（図4.11）．特に風の弱い晴天日には日中のCO$_2$濃度の低下は顕著になる．ビニールハウスなどの閉鎖

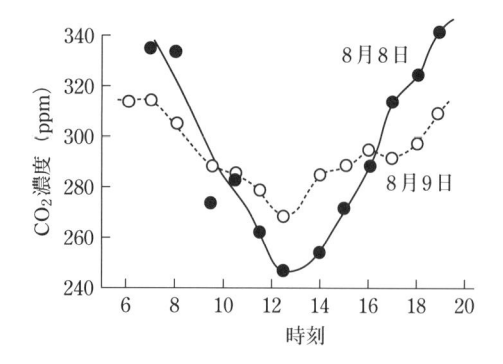

図4.11 トウモロコシ個体群の葉層内 CO_2 濃度の日変化（内島ら 1967）

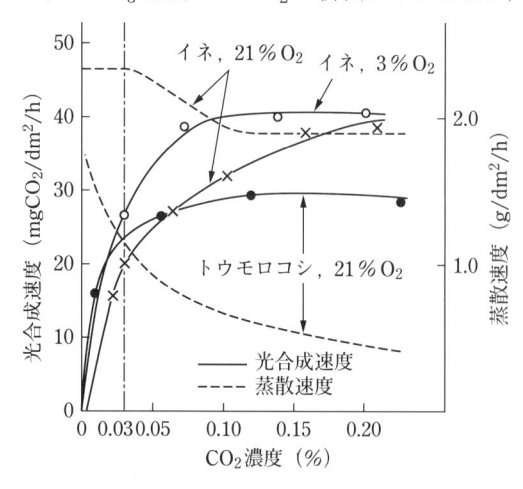

図4.12 イネ（C_3）とトウモロコシ（C_4）個葉の光合成速度と蒸散速度に及ぼす CO_2 濃度の影響（秋田 1980）．気温 30 ℃，光強度 0.4 cal / cm^2 / min.

系における作物生産では，CO_2 を補給することにより作物の栄養生長を促進させることが可能である．

（2）二酸化炭素濃度と植物の物質生産

CO_2 の変化が植物の生育あるいは物質生産に及ぼす影響は，直接的な吸収量の変化を通じての影響と，温室効果ガスとしての気温上昇を通じての間接的な影響の両面がある．CO_2 は光合成の素材であり，その濃度変化は光合成速度に影響し，ひいては物質生産に影響する．図4.12は，CO_2 濃度が光合成速度と蒸散速度に及ぼす影響をイネ（C_3 植物）とトウモロコシ（C_4 植物）を比較したものである．CO_2 濃度が0の時には C_3 植物では CO_2 の排出がみられるが，これは光呼吸によるものである．光合成による CO_2 取り込みと呼吸による排出がほぼ等しくなる CO_2 濃度を CO_2 補償点と呼び，C_4 植物はほぼ0であるのに対し，光呼吸のある C_3 植物では約 50 ppm である．このことから，C_4 植物は C_3 植物に比べ，低濃度の CO_2 濃度のもとでの適応性が高いということができる．そのため，実験的に低 CO_2 濃度条件下に植物を生育させると，

C_4植物はC_3植物よりも長く生存することが証明されている．一方，CO_2濃度の上昇は葉の気孔を閉鎖させ，蒸散速度を低下させることから，光合成速度を低下させる効果を持つ．このような気孔の閉鎖程度はC_4植物で大きい．このように，C_3，C_4植物間のCO_2に対する反応の差異には，光呼吸の有無と気孔の反応特性とが関与している．

C_3，C_4いずれの植物でもCO_2上昇に伴い光合成速度はほぼ直線的に増加するが，ある濃度以上では飽和に達する．この時のCO_2濃度をCO_2飽和点と呼び，C_3植物の方が明らかに高い．多くの種を用いた実験結果によると，C_3植物はC_4植物に比べてCO_2濃度上昇にともなう光合成速度と物質生産量の増大が顕著に現われる．

上述のように，今後も続くと予測される大気中のCO_2の増大は，多くの植物種において物質生産量や収量を増加させるものと予測される．しかし，自然条件下では，CO_2の増大は他の要因，例えば気温や降水量などに伴って変動することから，正確な予測には複合的な要因の影響を考慮する必要がある．現在の知見では正確な予測は困難であり，将来のCO_2上昇時における植物への影響をより正確に把握するためには，さらに研究の蓄積が必要である．

引用文献および参考文献

Iijima, M. and Kono. Y.1991. Interspecific differences of the root system structures of four cereal species as affected by soil compaction. Jpn. J. Crop Sci. 60 : 130 ~ 138.

山本一彦 1994. 土壌の反応 松阪泰明・栗原 淳 監修, 土壌・植物栄養・環境事典 博友社. pp. 83 ~ 86.

Boyer, J. S. 1970. Leaf enlargement and metabolic rates in corn, soybean, and sunflower at various leaf water potentials. Plant Physiol. 46 : 233 ~ 235.

Wright, G. C. et al. 1983. Difference between two grain sorghum genotypes in adaptation to drought stress. 3. Physiological responses. Aust. J. Agric. Res. 34 : 637 ~ 651.

Morgan, J. M. 1995. Growth and yield of wheat lines with differing osmoregulative capacity at high soil water deficit in seasons of varying evaporative demand. Field Crops Research 40 : 143～152.

内嶋善兵衛 1987. 世界の農業と気候 野口弥吉・川田信一郎 監修, 農学大事典 第2次増訂改版, pp. 274～279.

Satake, T. 1991. Male sterility caused by cooling treatment at the young microspore stage in rice plants. ⅩⅩⅩ. Relation between fertilization and the number of engorged pollen grains among spikelets cooled at different pollen developmental stages. Jpn. J. Crop Sci. 60 : 523～528.

Satake, T. and Hayase, H. 1970. Male sterility caused by cooling treatment at the young microspore stage in rice plants. Ⅴ. Estimations of pollen developmental stage and the most sensitive stage to coolness. Jpn. J. Crop Sci . 39 : 468～473.

Nishiyama, I. and Blanco, L. 1980. Avoidance of high temperature sterility by flower opening in the early morning. JARQ 14 : 116～117.

農林水産統計 1994 と 1999. 農林水産省統計情報部.

農山漁村文化協会 1990. ダイズの生育 農文協製作, カラースライド「水田農業確立シリーズ・ダイズ増収編」.

中澤高清 1999. 温室効果気体の増加と地球温暖化 安成哲三・岩坂泰信 編, 岩波講座 地球環境学 3 大気環境の変化, pp. 119～155.

内島善兵衛・宇田川武俊・堀江 武・小林勝次 1967. 農業気象 23 : 99～108.

秋田重誠 1980. 作物の光合成, 光呼吸の種間差. 第Ⅱ報. 光合成, 光呼吸および物質生産の炭酸ガス濃度に対する反応の種間差 農技研報 D31 : 59～94.

田崎忠良 監修 1986. P. J. Kramer 著, 水環境と植物 養賢堂.

石井龍一 編 1994. 植物生産生理学 朝倉書店.

星川清親 編 1993. 植物生産学概論 文永堂出版.

高橋裕他 編 1999. 岩波講座 地球環境学 (全 10 巻) 岩波書店.

第5章　微生物と植物生産技術

　古来，営々と続いてきた土壌と人力，畜力に依存する農業は，20世紀，化学肥料や農薬，農業機械の開発により大きく変貌をとげた．これらの技術発達により農業生産性は飛躍的に向上し，増え続ける地球人口を養うことができた．さらには，水耕栽培や施設園芸の普及と，冷蔵や空輸など貯蔵輸送手段の整備により，野菜や果物を季節にかかわりなく食べられるようになった．しかしながら，経済効率のみを追いかけた農業はともすれば土を忘れ，地力の低下，連作障害，土壌病害の激発など土壌の悪化をもたらした．加えて，農薬や肥料の過剰使用はさらに依存度を強め，食品への有害物質の残留や，栄養価や味の低下が問題となり，一部では地球規模での環境汚染の原因にもなっている．近年，これまでの反省と健康への配慮から，有機農業への期待が高まっている．

　農業は，作物を栽培したり，家畜を養うことにより，日々の食事や衣食住に欠かせない生物素材を供給する一次産業であり，あらゆる人々の生命，生活に直接かかわる．今後の農業技術は，消費者の健康に配慮し，かつ農業従事者の生活や健康をも保証するものでなければならない．加えて，農業のありかたは地域や地球全体の環境とも直結しており，現代に生きる我々だけでなく，将来の世代にわたり永続的に食糧の供給を続ける必要がある．

　環境に優しく持続可能な農業生産技術の開発や，農作業の実際面において，土壌とそこに生息している動植物や微生物について理解することが大切である．本章では，植物生産と関連の深い土壌微生物に関して概説する．内容的には，土壌学，植物栄養学，肥料学，植物病理学，微生物学，作物学，育種学，生態学などと関連が深い．関心のある方は各分野の教科書や専門書をご参照いただきたい．

第5章 微生物と植物生産技術

1. 土と微生物

(1) 地球環境と土壌微生物

　地球は中心に鉄とニッケルを主成分とする核を持ち，その周囲にケイ酸塩を含むマントルが存在して，一番外側を地殻岩石が覆っている．地表には，海が70％，陸が30％の割合で分布する．その外側には，窒素(78％)，酸素(21％)を主成分とする大気があり，はるか上空の成層圏にはオゾン層が存在して太陽光に含まれる有害な紫外線から地上の生物を守っている．土は地殻の一番外側にあり，厚さは平均するとたった18 cmしかない．しかしながら，土は植物に必要な水や養分を蓄え，生命を育み，地球全体の物質の流れ(物質循環)を促進し，生態系の維持に無くてはならない働きをしている．

　土は場所や深さにより，成分，色，手触り，香りなどが異なる．土壌の断面の一例を図5.1に示す．土壌の層状構造に注目して頂きたい．

　一般に，土は砂礫や粘土，腐植などの固体(固相)と土壌溶液(液相)と土壌空気(気相)から成り立っている．土壌の粒子は，大小の隙間(土壌間隙)

図5.1　土壌断面の例(長野県の野菜生産地)

を多数含む団粒構造をとるため，表面積が大きく，水や空気，養分を蓄える力が大きい．さらに，温度や水分を一定に保ったり，酸性度（pH）や土壌溶液中の養分濃度の急激な変化を和らげる働き（緩衝作用）がある．

　土壌中には，ミミズやダニ，昆虫などの土壌動物とともに，多数の微生物が生息している．細菌や菌類（カビ）などの微生物はどこにでもいるが，特に土壌には多数生息しており，スプーン一杯の土に地球の全人口に匹敵する数の微生物が住んでいる．土は微生物のすみかであると同時に，微生物が土を作っている．微生物は，岩石の風化を促進し，腐植物質を生産して団粒構造を作る助けをしている．さらに，微生物は土壌や植生の保全に欠くことができない．微生物は，植物の残根や落ち葉，動物の排泄物や遺骸などの有機物を分解し，植物が吸収しやすい無機養分に変換する働きをしている．生態学では，二酸化炭素と無機養分と水から有機物を合成する植物を「生産者」，植物を食べる動物を「消費者」，動植物等に由来する有機物を無機物に変換する微生物を「分解者」と呼んでいる．

　水や，炭素（C），窒素（N），酸素（O）といった元素は，植物，動物，微生物の働きにより，陸地-大気-海を形を変えながら循環している．植物は，光合成を営み，大気中に約 0.035 ％ 含まれる二酸化炭素（CO_2）と土から吸収した水（H_2O）を材料に，太陽光エネルギーを利用して糖（$C_6H_{12}O_6$）を合成し，酸素（O_2）を発生する．さらに，根から水とともに吸収する窒素（N），リン（P），カリウム（K），カルシウム（Ca），イオウ（S），マグネシウム（Mg），塩素（Cl），鉄（Fe），ホウ素（B），マンガン（Mn），亜鉛（Zn），銅（Cu），モリブデン（Mo）の必須元素（植物が生育を全うするために不可欠な元素，ニッケル（Ni）を含める場合もある）ならびに，その他の元素を材料として，タンパク質や核酸など複雑な有機物質を含む体内成分すべてを自前で作り上げることができる．この栄養獲得方法を無機栄養または独立栄養と呼ぶ．植物による有機物生産と酸素発生は，従属栄養（有機栄養）生物である人や動物の生命活動の源泉である．

　植物も呼吸をしており，特に夜間はもっぱら呼吸による酸素吸収と二酸化炭素の放出を行なっている．昼間，光合成で獲得した炭素の半分近くが生命

活動を支え,再び呼吸作用により植物体内から失われる.残りが植物の生長に伴い有機物として蓄積する.やがて,植物が枯死したり動物に食べられた後,植物残さ,動物の糞尿,遺体などは,土壌微生物の栄養源となり分解される.その過程で有機物は土壌微生物の呼吸や菌体を構成する材料に使われ,最終的には炭酸ガス,水,無機成分として土に返る.土の微生物の呼吸作用により,1 kgの土は1日に約4.2 l もの酸素を消費し,同量の二酸化炭素を放出している.分解しにくい有機成分は土壌中に残ったり,微生物の作用で再構成されて腐植として土壌に蓄積するが,これも長い目で見れば菌類などの働きにより徐々にではあるが分解,無機化される.動物は活動的で行動範囲が広いので,植物や粗大有機物を細片化したり,運搬,散布,消化して微生物分解を助けている.ただし,地球上の生物総重量(バイオマス)で比較すると動物は植物の千分の一程度なので,動物の呼吸量は植物,微生物に比べるとわずかである.

　土壌の微生物は,窒素の循環にも大きな役割を果たしている.図5.2に地球環境における窒素の循環の概要を図示した.窒素は,生物のタンパク質や核酸などを構成する元素であり,植物では乾物の約3%,動物では約10%と多量に含まれる.しかしながら,地殻鉱物中に窒素はわずか0.002%しか含まれないため,植物養分のなかで最も不足しがちであり,肥料三要素(窒素,リン,カリウム)の筆頭にあげられている.

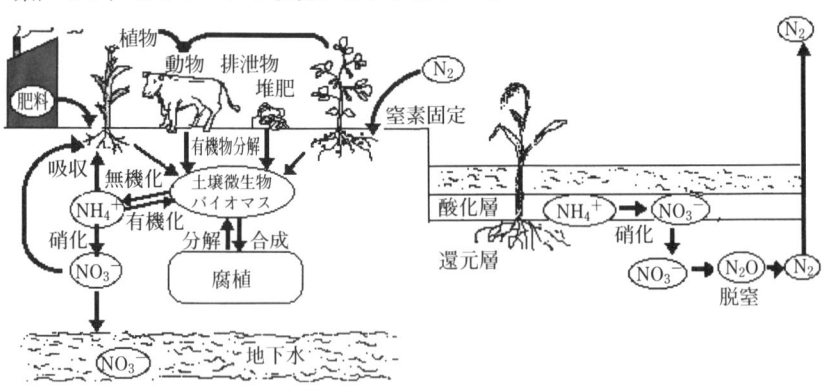

図5.2　環境中における窒素の循環

窒素の循環は以下のように起こる．動植物遺体や排泄物，腐植などの有機物は微生物により分解されてアンモニアに変化する（窒素の無機化）．アンモニアの一部はアンモニア酸化細菌，亜硝酸酸化細菌の働きで，亜硝酸（NO_2^-）を経て硝酸（NO_3^-）に変換される（硝酸化成）．アンモニアと硝酸は植物に吸収されて窒素養分として使われ有機物となる．アンモニアは中性から酸性ではおもにアンモニウムイオン（NH_4^+）として存在し正電荷を持つため，負に帯電している土壌粒子に吸着固定して土壌中を移動しにくい．一方，アルカリ性では，分子状（NH_3）で存在する割合が増え，気化しやすくなる．このため，塩類が集積してアルカリ土壌となったハウスでは，アンモニアの揮散による作物の障害や枯死が起こることがある．それに対して，硝酸イオン（NO_3^-）は，負電荷を持つ土壌粒子と反発しあうため，水とともに移動しやすい．下方に移動すれば地下水汚染や塩基の溶脱を引き起こし，ハウスなど乾燥条件下で水とともに上方に移動すると塩類集積による濃度障害や土壌の酸性化を引き起こす．土壌中のアンモニアは，微生物バイオマスに取り込まれたり，腐植に変換される（有機化）．植物の一部は，動物や人に食べられ，糞尿や遺体として土壌に還元される．

　大気中に豊富に存在する分子状窒素（N_2）は極めて安定な物質で化学変化をおこすことが難しいため，一部の窒素固定微生物のみが空中窒素を栄養源として利用できる（窒素固定）．しかし，植物のなかにはマメ科植物のように，根粒を形成して窒素固定微生物を飼い馴らし分子状窒素を利用できるものもある．一方，土壌中の硝酸の一部は，還元を受け亜酸化窒素（N_2O）を経て分子状窒素（N_2）にもどる（脱窒）．以上のように地球環境中で起こっている窒素の形態変化は，大部分が土壌微生物の作用により行なわれていることに注目して頂きたい．窒素以外の元素についても，植物養分の可給態化に土壌微生物の活動が関与している．さらに，微生物菌体内に含まれる物質自体が土壌微生物バイオマスとして植物養分の供給源になっている．土壌を乾燥させたり加熱した後に，土から放出される養分の多くはそれらの処理により死んだ微生物の分解産物である．

　土のなかに住む目に見えない小さな微生物の働きのおかげで，動植物の生

命維持，不要有機物質の分解，さらに大気，水，土壌の環境保全がなされている．土壌微生物には病原菌のように作物栽培の邪魔をする微生物もいるが，根粒菌や菌根菌のように植物の養分獲得を積極的に手助けしてくれる共生微生物もいるし，最近は病原菌を抑える拮抗微生物も注目されている．土というミクロな宇宙のなかで，多種多彩な微生物たちが，植物，動物などと様々な関係を持ちながら，必死に生き，戦い，死んでいるのである．

(2) 土壌微生物の種類とすみか

土のなかには植物の生きた根または死んだ根が多数存在し，表土には，枯れ葉，動物の糞尿や遺体などが供給される．土壌中には，生きた植物を食べる昆虫や線虫，また動物を食べるクモやムカデ，動植物遺体を分解するミミズやワラジムシ，その他ダニ類やアメーバ，繊毛虫などの単細胞原生動物など，大小様々な土壌動物が生息している．しかしながら，数の上でも量においても，土壌中には細菌（細菌，放線菌，ラン藻など）や糸状菌（菌類ともいう，カビや酵母，キノコの仲間）が圧倒的に多い．土壌により異なるが，生体重でみると 1 ha の耕地土壌には約 7 t の生物が住んでおり，そのうち 70 % が糸状菌，25 % が細菌類，動物は 5 % と見積もられている．藻類も存在するが量的にはわずかである．

細菌は，重さで比べると糸状菌より少ないが，数の上では圧倒的多数を占める．細菌は，約 1 μm（1 mm の千分の一）程度の大きさで肉眼では見えない．細菌は，細胞内に核をもたない原始的な微生物（原核生物）で，約 40 億年程前，地球誕生後まもなく発生した．1 個または数個の環状や直鎖の DNA を遺伝子として持ち，細胞分裂により増殖する．一般に栄養条件と環境条件が整えば細菌の増殖速度は極めて早く，大腸菌では約 20 分で倍に増える．ただし，自然界において，土壌細菌をはじめ大部分の微生物は栄養状態が乏しい環境（貧栄養状態）におかれており，栄養豊富な人工培地中のように活発に増殖できるわけではない．さらに，土壌や海洋に生存する微生物のうち人工培地で増殖できる菌は数％未満で，大部分の培養できない菌の性質はよく分かっていない．形態的には，丸い球菌，棒状の桿菌，らせん状菌に分けられ，べん毛により自律的に運動する菌もいる．また，糸状の形態を

示す放線菌，光合成を行なうラン藻（シアノバクテリア），メタン細菌などの古細菌も原核生物の仲間である．細菌は，細胞の膜構造の違いからグラム陽性菌とグラム陰性菌に大別される．さらに，酸素を嫌う嫌気性菌と酸素を呼吸に用いる好気性菌がいる．一般に，細菌類は中性から微アルカリ性を好み，酸性では生育できないものが多い．土壌微生物には，有機物を餌として生活する従属栄養（有機栄養）微生物が多いが，有機物を必要としない独立栄養（無機栄養）微生物もいる．

　カビ，酵母，キノコなどの糸状菌（菌類）は，動物や植物と同様に核を持つ真核生物の仲間であり，今からおよそ20億年程前に出現したと予想されている．真核生物は，ある種の古細菌に好気性細菌やラン藻類が共生し，細胞内器官であるミトコンドリアや葉緑体に変化した．この細胞共生説は，ミトコンドリアと好気性細菌，葉緑体とシアノバクテリアの遺伝子構造の比較により正しいことが確認された．

　糸状菌は，通常，酸素を用いる好気呼吸によりエネルギーを獲得するため，水田土壌よりも畑土壌など通気の良い場所を好む．菌類の栄養体は，カビに見られるように枝別れした細長い糸状を示すことが多い．また，増殖に適さない環境では，胞子を形成して耐久生活に入る．菌類は，古生菌類（菌糸体を欠き，栄養体全体が胞子になる），ソウ菌類（菌糸に核膜が無く，有性胞子を形成），子のう菌類（菌糸に隔膜，子のうがあり胞子を内生），担子菌類（菌糸に隔膜があり，担子のうに担胞子を外生）と不完全菌類（生活環が判明していない菌類）の五種類に分けられている．フザリウム，ペリキュラリアなど植物病原菌の多くは糸状菌の仲間であり，自力で植物体内に侵入することができるため植物生産に対する影響が大きい．生育条件は，アルカリ性よりも酸性を好む．

　土壌は，顕微鏡で観察すると極めて不均一な世界で，物理的（土壌粒子や間隙の大きさ，固体，液体，気体の分布，表面電荷），化学的（養分分布，pH，酸化還元電位（Eh），鉱物や有機物の成分や量），生物的（動植物，微生物の分布）に複雑な居住環境が混在するため，多彩な生物が互いに影響を及ぼしながらも共存できる環境がある．土壌の大きな間隙に土壌動物や大型の糸状菌

が多く分布し，団粒内部や表面に小型の細菌類が分布している．特に，グラム陰性菌は団粒内部を好む傾向がある．畑状態でも，例えば団粒内部で水に閉塞された部分のように，酸素の透過性が悪く微生物の呼吸により内部が嫌気的になっている間隙には，嫌気性菌の生息が可能である．

水田に水を張りしばらくすると，上面数 mm の土層より下部が褐色から青灰色に変化する．これは，湛水により酸素の透過性が著しく低下し，土壌微生物の呼吸による酸素消費量が酸素拡散速度を上回り酸欠（嫌気）状態になり，その結果，褐色の第二鉄イオン（Fe^{3+}）が青緑色の第一鉄イオン（Fe^{2+}）に還元されたためである．土壌の還元がさらに進むと，硫酸還元による硫化水素（H_2S）の発生やメタン（CH_4）生成がおこる．これらの反応にもそれぞれ特有の微生物が関与している．湛水状態では，糸状菌は増殖したり，生き延びるのが困難になるが，一方，嫌気性細菌は活発に増殖する．このようにして畑と水田では微生物の種類や数が大きく変わるのである．

水田に窒素を施肥するとき脱窒作用に注意する必要がある．水田土壌表面の酸化層にいるアンモニア酸化細菌（ニトロソモナス属など）の働きで NH_4^+ は，亜硝酸（NO_2^-）に酸化され，次いで亜硝酸酸化細菌（ニトロバクター属など）の働きで硝酸（NO_3^-）にまで酸化される．土壌下層の還元層に浸透した NO_3^- は，脱窒菌（シュードモナス属，アクロモバクター属，ミクロコッカス・デニトリフィカンス，チオバチルス・デニトリフィカンス，バチルス・サブチリスなど）の働きで嫌気的に亜酸化窒素（N_2O）を経由して分子状窒素（N_2）に還元される（図5.2参照）．

植物根からは糖やアミノ酸が分泌され，また，根は多糖類を主成分とするゼリー状のムシゲルで覆われている．さらに，根が旋回しながら土壌中を伸長していく際，先端の根冠細胞は固い砂礫などに接触して絶えず崩壊していく．このように，植物の根の周囲は，有機物質など微生物の食べ物が豊富に存在するため，根から離れた土壌よりも非常に多数の微生物が生息している．ただし，植物根からは，フラボノイド化合物などの抗菌性物質も放出されるため，ここで増殖できる微生物の種類は限られており，すべての土壌微生物が根の近くを好むわけではない．このように，生きた植物の根の影響が及

び，微生物数が多い部分を根圏と呼び，それ以外の非根圏として区別している．根の表面からどこまでが根圏かを正確に判別するのは難しいが，おおよそ1 mm以内と考えられている．また，根の表面に接触している土壌を根面土壌として区別する場合もある．さらに，微生物によっては根内にまで侵入したり，植物細胞の隙間や死んだ細胞のなかで増殖しコロニーを形成するものもいる．根圏土壌と非根圏土壌を実験的に区別するために，土の着いた根を空気中で振るい落として落ちた部分を非根圏土壌，さらにその根を水で洗って分離する部分を根圏土壌と区分する手法もある．根圏は，植物と微生物の接点であり，病原菌や共生微生物の増殖や感染にも関係するため，根圏微生物群の制御は植物生産に重要な意味を持つ．

2．微生物と植物の共生

(1) マメ科植物と根粒菌の共生的窒素固定

マメ科植物を栽培すると土が肥沃になることは古くから知られており，輪栽式農業では，休閑の代わりに赤クローバなどのマメ科牧草をとり入れ積極的に地力の向上をめざした．19世紀にブッサンゴーは，化学分析によりマメ科植物を含む輪作では窒素が著しく増加することを確かめた．さらに，ヘルリーゲルとウィルファース(1886)は，マメ科植物の根に形成されたコブ(根粒)に住む共生微生物が窒素を固定し植物に供給することを見出した．

おおまかな見積もりであるが，1年間に窒素重量として陸上で13,900万t，海洋で3,600万tが生物的窒素固定作用により生態系に取り込まれていると推定されている．陸上のうち，豆類作付畑や水田などの農耕地で約4,400万t，牧場と草地で約4,500万t，その他，山林，森林，未利用地合計約5,000万tと見積もられている．1990年代の窒素化学肥料の世界の消費量が年間約8,000万tで推移していることからすると，生態系や農業に対する生物的窒素固定の寄与は極めて大きい．化学肥料の使用以前には，窒素固定による生態系へのインプットと脱窒によるアウトプットは釣り合っていた．しかしながら，近年，化学肥料の大量使用と有機廃棄物の土壌還元の減少により窒素循環のバランスがくずれ，農耕地の地下水汚染，河川や海洋の富栄養化，

畜産廃棄物の大量投棄などの深刻な環境問題を引き起こしている．また，工業的に窒素固定をする一方で，下水処理場を設けて人工的に脱窒を起こし，下水中の化合態窒素を N_2 として除去している．

　窒素を固定できる生物は，細菌や放線菌やラン藻など原核生物に限られているが，かれらの仲間では幅広い種類の菌が窒素固定能力を持っている．分子状窒素（N_2）は化学的に安定であるため，水素と窒素を反応させて工業的にアンモニアを製造するハーバー・ボッシュ法では，高温高圧で反応を起こさせる．しかしながら，窒素固定菌は，ニトロゲナーゼという酵素の働きで常温常圧下で N_2 を NH_3 へ変換するという現代工業技術をしてもまねのできない優れた能力を持っている．

　窒素固定を行なう細菌の仲間には，単独生活をして窒素固定を行なうものと，植物と共生して窒素固定を行なうものがいる．単生窒素固定微生物には，好気性細菌（アゾトバクターなど），微好気性細菌（アゾスピリルムなど），通性嫌気性菌（クロストリディウムなど），光合成細菌（ロドスピリルムなど），ラン藻類（アナバエナ，ノストックなど），さらには，古細菌（メタン生成菌）にも窒素固定を行なう仲間がいる．このように幅広い原核生物が窒素を固定する能力を持つことは，生物進化の初期に利用できる化合態窒素が非常に少なく，N_2 を固定する能力が生存に不可欠であったためかもしれない．一方，ニトロゲナーゼを含む遺伝子が，窒素固定微生物から他種の微生物に渡される，すなわち遺伝子の水平伝達により，窒素固定遺伝子が比較的最近に多種の微生物に拡がったという見方もある．

　共生窒素固定微生物では，マメ科植物と根粒菌の共生が窒素固定能力が高く農業的にも重要なため，熱心に研究されてきた．ダイズの根粒の様子を図5.3に示す．マメ科植物と根粒菌以外にも，ハンノキ，ヤマモモ，モクマオウと放線菌の一種フランキアが，また，ソテツとラン藻が根粒を形成して窒素固定を行なっている．また，アカウキクサの葉の空洞部分にラン藻が共生して活発な窒素固定を行なうため，ベトナムなど東南アジア地域ではアカウキクサを水田の緑肥として利用している．

　根粒菌は，リゾビウム属，ブラディリゾビウム属，アゾリゾビウム属に分

類されているが，同じ属でも，特定の種のみ宿主植物と根粒を形成し共生にいたる．この現象は宿主特異性と呼ばれるが，多数の土壌微生物のなかから特定の菌だけがどの様にして選ばれるかという点は長い間不明であった．最近約20年間に研究が進み，感染初期過程と宿主親和性を決定する因子について基本的な部分が解明された．概略を図5.4に示す．

マメ科植物の種子や根からは，糖やアミノ酸などの栄養物質以外に，各種のフラボノイド化合物が放出される．このフラボノイド化合物は，もともと植物が病原微生物などを寄せつけな

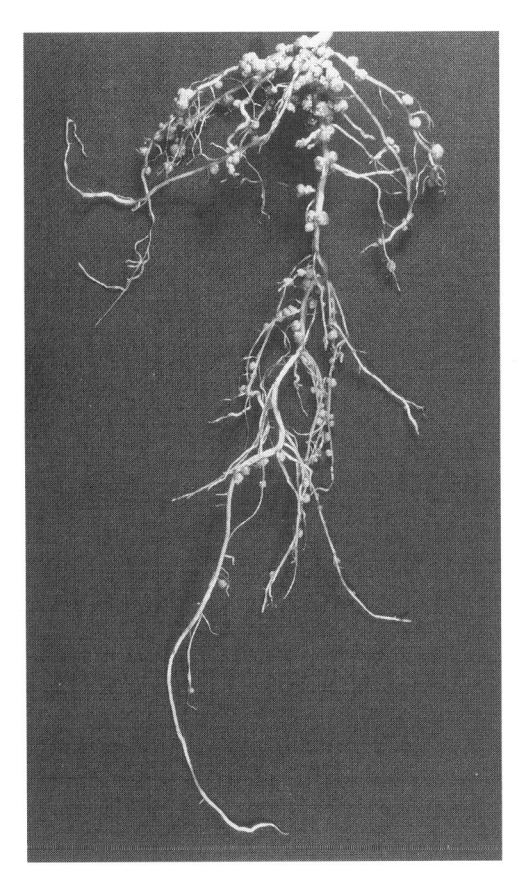

図5.3　ダイズの根粒

いための抗菌物質（ファイトアレキシン）として用いている．フラボノイド化合物の構造は，マメ科植物種により異なり，数種類の混合物の場合もある．このフラボノイド化合物は，土壌に生息している親和性の根粒菌に対して根粒形成遺伝子群のスイッチを入れる働きをする．すると，根粒形成遺伝子群のはたらきで，根粒菌は特殊なリポキチンオリゴ糖シグナル（リポ多糖シグナル）を合成し放出する．リポ多糖シグナルは，極微量でも宿主植物の根に感知され，根の細胞分裂を開始させ，根粒原基の形成を誘導する．宿主植物と根粒菌は互いに接触する前から，化学物質を用いてコミュニケーションを

第5章 微生物と植物生産技術

土壌側　　　　　　　　　　　植物根内

← フラボノイド化合物
（根粒形成遺伝子発現）

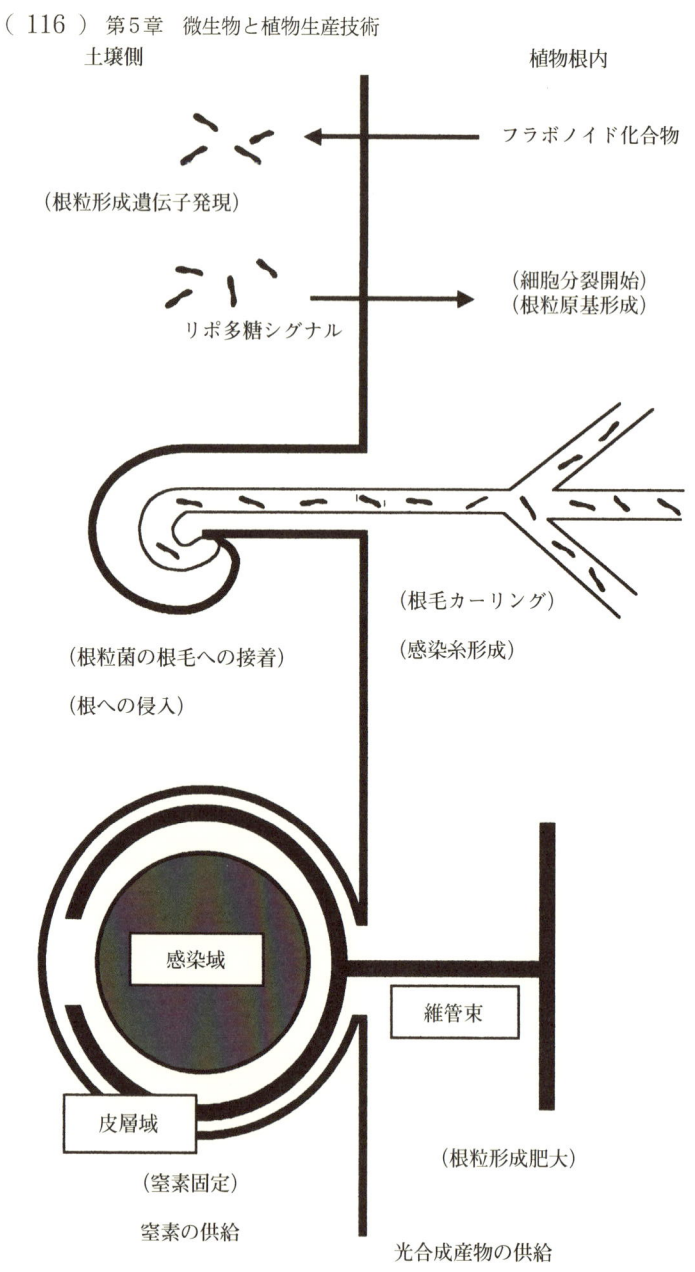

→ （細胞分裂開始）
（根粒原基形成）
リポ多糖シグナル

（根毛カーリング）
（感染糸形成）
（根粒菌の根毛への接着）
（根への侵入）

感染域

維管束

皮層域

（窒素固定）　　　　　　　　　（根粒形成肥大）
窒素の供給　　　　　　　　　光合成産物の供給

図5.4　ダイズと根粒菌の根粒形成機構

行ない，共生器官である根粒形成の準備をはじめる．

　その後，根粒菌は根圏で増殖し，根毛の先端に接着する．根毛の先端のねじれ（カーリング）により取り込まれた根粒菌は，植物がつくる感染糸と呼ばれるトンネルのなかを増殖しながら移動していく．感染糸の先端は枝分かれし，根粒菌は分裂をはじめた皮層細胞へ放出される．そこで，根粒菌は一植物細胞当たり数千から数万個程にまで増殖し，感染細胞のなかは根粒菌で充満した状態になる．根粒細胞は，増殖と肥大によってコブ状を呈する．

　マメ科根粒菌は，通常，単独では窒素固定を行なわず，共生状態の根粒菌（バクテロイド）でのみ窒素固定活性が発現する．バクテロイドは植物細胞内に存在し，1個または数個ずつペリバクテロイド膜（またはシンビオソーム膜）と呼ばれる膜で包まれている．この植物がつくる膜に保護されることにより，根粒菌が植物細胞内で窒素固定活性を維持できる．一般に，植物は他の微生物に侵入されると強い拒絶反応を示すが，根粒内では根粒菌に対する拒否反応は起こらない．また，ペリバクテロイド膜を介して，植物側からはエネルギー源である有機酸を，バクテロイドからは固定したアンモニアが相手に渡されている．おもしろいことに，単独で生活している根粒菌と共生状態のバクテロイドは，窒素固定活性の有無のみならず，炭素源の好みもかわり，単独生活では糖を食べられるのに，共生状態では糖よりも有機酸（リンゴ酸，コハク酸）を好むようになる．

　根粒は，根から形成されるが，形態的にも代謝面でも根とは著しく異なる．活性のある根粒内部を観察すると，中央の感染域が赤く見えるが，これは，レグヘモグロビンと呼ばれるヘムタンパク質が大量に存在するためである．レグヘモグロビンは，動物のヘモグロビンと同様に酸素と結合・解離することができ，酸素により不可逆的に失活するニトロゲナーゼを保護するため根粒内部を低酸素濃度に保つとともに，バクテロイドの呼吸に必要なO_2を供給する働きをしている．レグヘモグロビン以外にも根粒に特異的なタンパク質（ノジュリン）が多数みつかっている．

　マメ科作物の根粒形成と窒素固定活性は，窒素施肥により抑えられる．特に，畑の主要な無機窒素形態である硝酸は，根粒菌の感染，根粒形成，根粒

肥大，窒素固定活性など，多面的に強く阻害する．しかし，硝酸がどのような機作で抑制するかは十分には理解されていない．しばしば硝酸還元の方が窒素固定よりも，エネルギー必要量が少ないため，マメ科植物は硝酸同化を優先すると説明されるが，植物がどのように硝酸を検知して根粒形成や窒素固定を抑えるかという生理的な仕組みについては不明であり，今後の検討課題である．

ダイズなどのマメ科植物は，初期の根粒形成が，新たな根粒形成を抑制する自己制御機構（オートレギュレーション）を持つ．これは，宿主根が根粒菌の感染を感知すると未知の感染シグナルを根から地上部へ伝達し，次いで地上部で合成した自己制御シグナルが根へ輸送され新たな根粒形成を抑制していると予想されているが，両シグナル物質とも化学形態は未解明である．最近，化学変異剤処理により，通常のダイズよりも根粒を多数着生する根粒超着生変異株が得られた．根粒超着生変異株はオートレギュレーションを欠損した変異株であると考えられている．図5.5のように，1枚の成熟した葉身から発根させ，根粒菌を感染させて根粒形成を観察した結果，根粒超着生変異株（NOD1－3）の根には，親株（Williams）の根の10倍程度多数の根粒が着生した．根と葉しかない単葉根系でも根粒超着生の性質が示されたことは，オートレギュレーションの制御には，成熟した葉身が関与していると推察される．病原菌の感染シグナルと防御反応との類似性も予想されるが，その点に関しては今後の検討課題である．根粒超着生変異株は，根粒を多数着生するとともに，硝酸による根粒形成の阻害効果も受けにくいことから，ダイズの増収に寄与すると期待されたが，生育と収量は親株より劣った．佐藤らの研究によると，根粒超着生変異株は多数の根粒を形成するものの，小さい根粒が多くてレグヘモグロビン濃度も低く，また，根粒重当たりの窒素固定活性も低かった．これは，根粒が過剰に着生したため個々の根粒へ分配される光合成産物の量が減少したことによる．

根粒菌のニトロゲナーゼの働きで，分子状窒素がアンモニアに還元された後，どの様な化学形態で宿主植物に渡され，どのように代謝を受けるのだろうか．このような，物質の移動や化学変化を調べる方法の一つにアイソトー

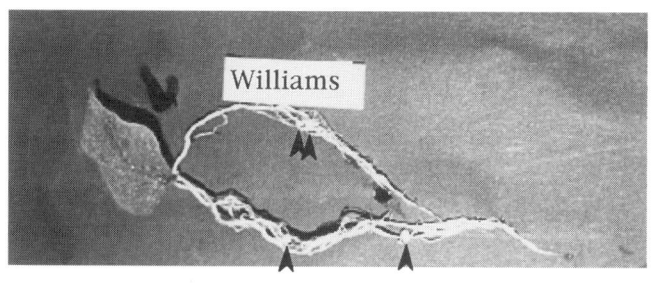

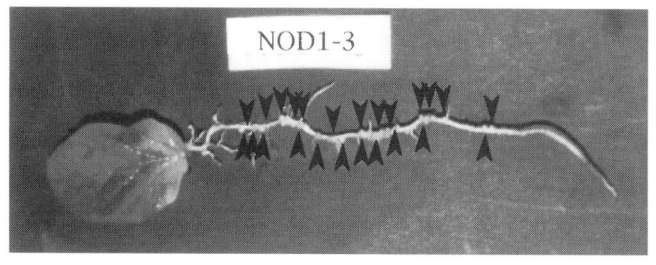

図5.5 ダイズ品種ウイリアムスと根粒超着生変異株 NOD 1 – 3 の1枚の葉から形成された根への根粒着生状態(佐藤 孝ら, 1997). 矢印は根粒の着生位置を示す.

プトレーサー法がある.一般に,トレーサー法では,^{14}C などの放射性同位体が用いられるが,窒素の放射性同位体の ^{13}N は半減期が約 10 分と短く利用が限定されるため,窒素のトレーサーとしては,安定同位体の重窒素(^{15}N)が広く利用されている.図 5.6 のような装置を用いて根粒の着生した根の上部をシリンダ内に密閉して,^{15}N 標識の N_2 を固定させて根粒に取り込まれた ^{15}N の動きを追跡した.その結果,図 5.7 に示すように,バクテロイドで固定した窒素は,大部分アンモニアのまま直ちに植物細胞質に放出され,植物細胞側のグルタミン合成酵素(GS)の働きではじめにグルタミンのアミド基に取り込まれ,次いで,グルタミン酸合成酵素(GOGAT)の働きで,グルタミン酸に同化されることが確認された.固定窒素は,最終的にはプリン核の合成と分解を経て,ウレイド(アラントインとアラントイン酸)に変換されて,根粒から宿主茎葉部へ導管経由で輸送されることが明らかとなった.一方,別に行なった,根から ^{15}N 標識の硝酸を与える実験から,根から吸収した硝酸に由来する窒素の多くは,硝酸(NO_3^-)のまま,もしくは,

図 5.6　ダイズ根粒に $^{15}N_2$ を与えるトレーサー実験

根の硝酸還元酵素，亜硝酸還元酵素の働きで，アンモニアになったのち，グルタミン合成酵素，アスパラギン合成酵素などの作用で最終的にアスパラギンに同化されて茎葉部へ移動することが示された．

　圃場で栽培する場合，ダイズは，根粒からの固定窒素と土壌からの地力窒素，および基肥の窒素肥料（スターター窒素）を利用する．新潟県農業総合研究所で行なった高橋らの研究結果によると，水稲とダイズを交互に作付けしている田畑輪換圃場では，ダイズの総窒素同化量の約 75 ％が窒素固定に依存していた．^{15}N 肥料を用いた実験から，残りの窒素の大部分は地力窒素に由来しており，スターター窒素の利用率は低いことが確かめられた．このことは，図 5.8 にみられるように遺伝的に根粒を着生しない根粒非着生変異

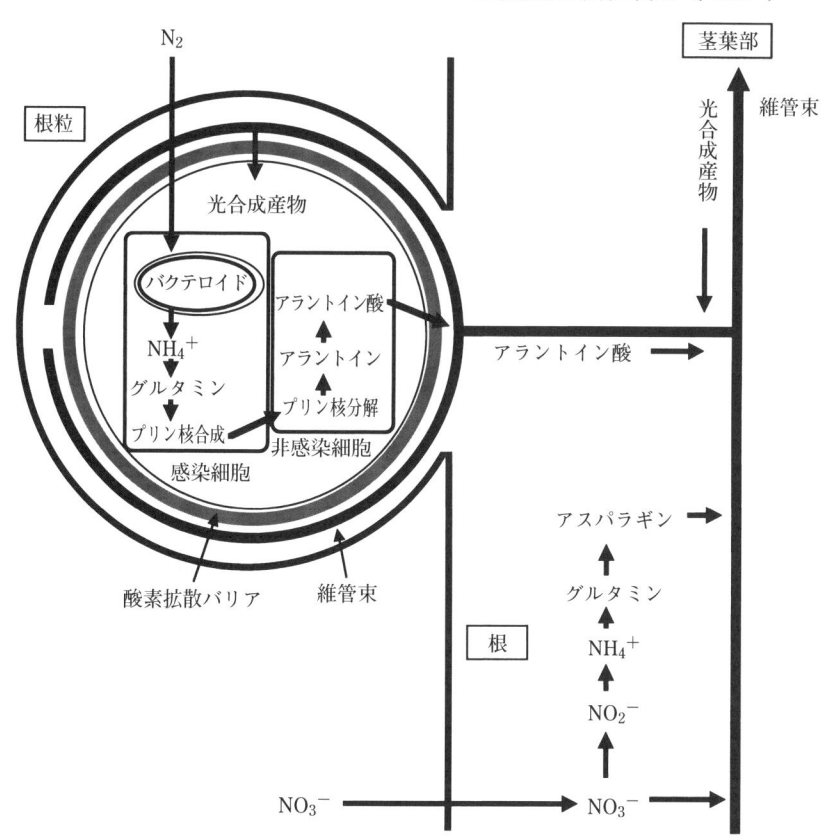

図5.7 ダイズ根粒で固定した窒素と根から吸収した窒素の代謝と移動

株（T 201）の生育は，根粒を形成する親株（T 202）に比べて著しく劣ることからも理解できる．

　根粒の窒素固定と根の吸収窒素に依存する割合の推定には，窒素バランス法といって，根粒着生植物と根粒を着けない植物の窒素集積量の差を窒素固定由来として見積もる方法がある．ダイズでは，根粒非着生変異株（T 201）と着生ダイズ（T 202）を同時に植えて，両者の窒素集積量の差を窒素固定に由来すると見積もる．最近，固定窒素依存率の新しい推定方法として相対ウレイド法が開発された．この推定方法は図5.7のように，根粒からの窒素の

第5章 微生物と植物生産技術

←──────→　　←──────→
根粒非着生系統ダイズ　　根粒着生系統ダイズ
　　T 201　　　　　　　　　T 202

図5.8 圃場で栽培したダイズの生育に及ぼす根粒着生の効果

移動形態がウレイドが主体であるのに対して，根からの移動物質が主に硝酸とアミノ酸態窒素であることを利用している．ダイズの切り株から導管溢泌液を採取して，そこに含まれるウレイド，硝酸，アミノ酸態窒素を定量し，合計に占めるウレイド窒素の割合を窒素固定依存率と見積もる．この推定法は，どの品種のダイズにも適応でき，また，窒素施肥実験にも利用できる．さらに，生育時期別の窒素固定活性や経根窒素吸収速度の見積もりも可能であるため，ダイズの窒素利用状況について詳細な解析が可能である．

（2）菌根菌と植物の共生

窒素固定微生物はすべて原核生物であるのに対して，菌根菌は，真核生物の糸状菌（カビ）の仲間で，アブラナ科とアカザ科を除く大多数の植物種の根に共生する．特に，森林の樹木や野草など自然界に生育する植物は大部分が菌根菌と共生している．菌根は4億年前の植物化石にもみられることから，植物が上陸した初期段階からすでに共生関係を持っていたと予想される．菌根菌は，菌糸を土壌中に張りめぐらせ，水やリン，その他，銅，鉄，亜鉛など土壌中で移動しにくい養分の吸収を助ける．菌根菌は，代償として植

物から光合成産物をもらう．19世紀に植物根に菌が共生していることが認められ，1885年，フランクにより菌根「ミコリザ」と名付けられた．

　菌根は，菌糸の侵入が主に根表面にとどまっている外生菌根と根組織内部まで入り込んでいる内生菌根に大別される．アーバスキュラー菌根菌は農業面で最も重要な菌根菌で，内生菌根を形成する接合菌の仲間である．アーバスキュラー菌根菌は，世界的に広く分布し，宿主はコケ植物，シダ植物，裸子植物，被子植物と幅広い．アーバスキュラー菌根菌の多くは，ベシクル（のう状体）とアーバスキュール（樹枝状体）を根内に形成するので，英語の頭文字をとってVA菌根菌とも呼ばれるが，ベシクルを形成しない属もあることが判明したため，最近ではアーバスキュラー菌根菌と呼ぶことが多い．アーバスキュラー菌根菌は，単独では培養できず，宿主植物との共生によってのみ増殖できる．このことは，人工培養技術が未確立なためか，または，生きた宿主との共生が絶対に必要なためかはわからないが，単独培養できないことが菌根の生理生態の研究を著しく困難にしている．胞子は，大きさが0.05 mmから0.5 mmで，数百から数千の核を含む多核体である．図5.9に模式的に示したように，① 宿主の根の存在下で胞子の発芽が促進され，② 菌糸を伸ばして根の表面で付着器を形成して，そこから根内部に菌糸を侵入して細胞間隙に菌糸を広げる．同時に根外にも菌糸を伸ばし養分吸収範囲を広げる役割をはたしている．アーバスキュラー菌根菌の菌糸は隔壁をもたないため，土壌から吸収した養水分は原形質流動や拡散により根へと運ばれる．根のなかの菌糸の末端は皮層細胞内に貫入して樹枝状体を形成し，植物細胞膜と菌根細胞膜の接触面積を増やして物質交換を効率的に行なっている．外生菌糸の一部に胞子を形成して増殖する．

　リンの養分供給量が少ない土壌では，アーバスキューラー菌根は，リン吸収を促進するとともに，作物の生育を著しく改善する．リンは土壌内で動きにくい養分であるため，植物根が土壌からリンを吸収できる範囲は普通根から数mm以内である．しかしながら，アーバスキュラー菌根菌が感染するとリンの吸収範囲は根から10 cm以上に達する場合もある．一方，土壌にリンを多量に施用すると，菌根菌の作物生育に対する効果はほどんど見られなく

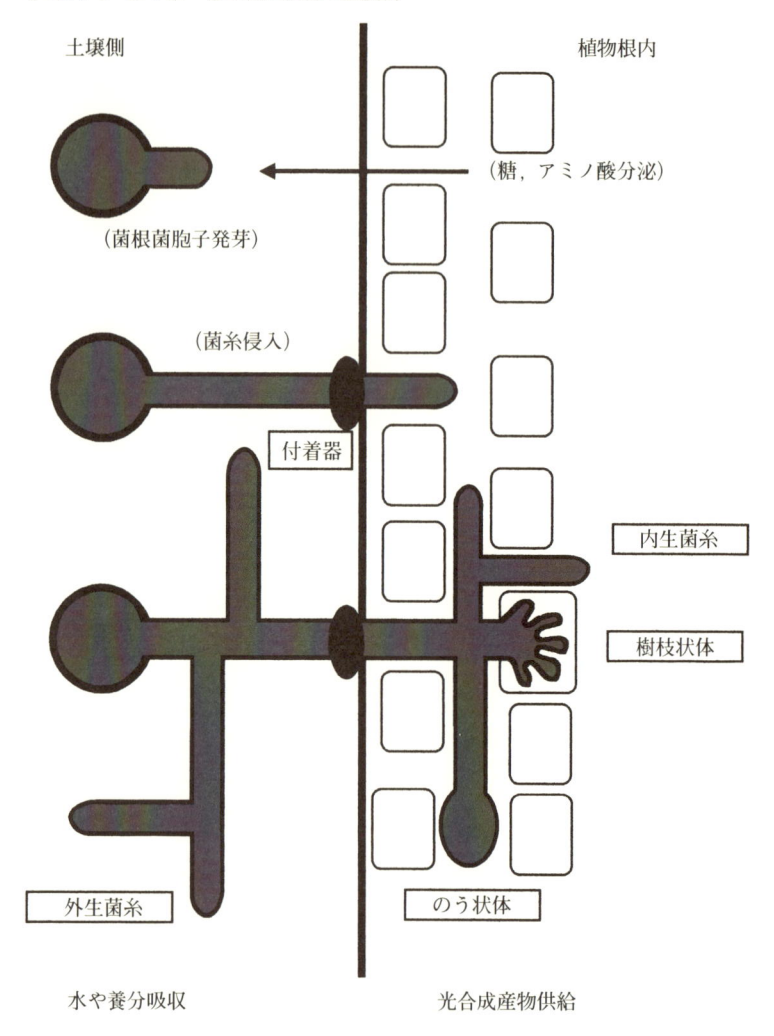

図 5.9 植物と菌根菌の共生過程

なるだけでなく，菌根の形成も抑制される．

　アーバスキュラー菌根菌は，根粒菌よりも宿主特異性は低く多数の植物に菌根を形成する．しかし，一個体には，一種類または数種類の菌根菌が感染している場合が多い．菌根が形成されると他の菌根菌や病原菌の侵入を妨げ

る効果も期待されている.

外生菌根菌は,担子菌,子のう菌や接合菌の一部など広範囲にわたるが,宿主は主に樹木に限られる.外生菌根菌には根の周囲を大量の菌糸が覆い分厚い菌鞘を形成するものや,また,キノコ(子実体)を形成するものもある.森林の木本植物は大部分が外生菌根菌と共生しており,外生菌根菌は森林生態系の保全に重要な役割をしている.酸性雨による植生荒廃の原因が植物自体の被害よりも外生菌根に対する障害である可能性が指摘されている.

(3) エンドファイト

植物表面や体内には,微生物が生息していることがあり,無菌的な植物組織を得るためには,感染の少ない生長点を摘出して培養するなどのテクニックを必要とする.根,葉,茎,種子の表面,さらには内部にも微生物が生存する場合があるが,その多くは病原性を示さないため病原菌と区別され内生菌(エンドファイト)と呼ばれている.植物体内のエンドファイトは,イネ科牧草,サツマイモ,シクラメンなどに観察されている.イネ科植物の糸状菌のエンドファイト(ネオティフォディウム)は,根にはおらず地上部に住み,葉内で有毒なアルカロイドを合成し,動物,害虫,線虫等の食害から植物を守る働きをする.しかし,これは,家畜の中毒の原因になるので牧草では注意を要する.サトウキビなどの根,茎,葉などに生息して窒素固定を行なうアセトバクターなどの窒素固定菌もエンドファイトとして注目されている.

これまで,エンドファイトは,作物生産への寄与が明確でないためあまり注目されなかった.しかしながら,エンドファイトは,① 植物体内に住んでも排除されず,病気も起こさず,宿主植物のなかで平和共存していること,② 特定宿主以外の植物には感染せず生態系に大きな影響を与えにくいこと,③ イネ科のエンドファイトでは,種子を通じて代々感染し続けるし,サツマイモやサトウキビなどのように栄養繁殖する作物では,種イモや種茎を通じて感染が維持できる.すなわちいったん有用なエンドファイトが定着すれば,接種をしなくても感染の継続性が期待できる,④ 植物に病原菌や病害虫抵抗性を付与できる,などの理由から,今後,微生物の農業利用面で期待が

高まっている．サツマイモのエンドファイトである非病原性のフザリウムを接種することにより，つる割れ病が抑制されたり，内生菌の接種によりイチゴ炭そ病やハクサイネコブ病に対して，宿主植物の抵抗性を誘導することに成功した．今後これらの内生微生物の生理・生態についても研究を進めることが大切であろう．

3．植物の病気と土壌微生物

（1）連作障害と輪作

　近年，「土の健康」が大きな問題になっている．古くから，水田稲作と小規模多作目の畑作を行なってきた日本農業は，第二次世界大戦以後，高度経済成長のなかで，野菜などの産地形成，大規模化，単作化が促進されてきた．水田は唯一連作が可能な農業形態であるが，一方，畑作は毎年同じ土壌に同一または近縁の作物を栽培し続けると，多くの作物において生育が劣化したり，ひどい場合には収穫皆無になることもある．これは「いや地」として知られており，農民は連作をさける知恵を持っていたが，戦後，産地形成に伴って連作を余儀なくされ，連作障害が大きな問題になっている．一例をあげれば，指定産地制度により野菜の大規模産地化が促進された長野県では，1996年の統計で，レタス，ハクサイ，キャベツの作付面積があわせて1万ha

図5.10　長野県のレタス生産地

図 5.11　レタスの連作障害

以上になり，葉茎菜類全体で，県内野菜作付面積の約66％にも達する．レタス，セルリー，アスパラガスの生産高は，国内総生産の30％以上を占め，全国一を誇る．図5.10は，長野県のレタス産地の風景である．大規模産地化は大消費地への野菜の安定供給の役目をはたしてきた一方，連作障害により，生産性の低下や深刻な環境問題も引き起こしている．キク科のレタスは連作障害が出にくい作物であったが，長野県の産地では，最近（図5.11）のように障害がではじめた．図5.12は，レタスの芯内部が浸潤して緑色や褐色を呈する新しい病気である．図5.13はハクサイの連作障害であるネコブ病により根が異常に肥大したものであり多発している．このような連作障害は全国至る所で問題になっており，また野菜だけでなく麦などの穀類でもおきる．連作障害は，主に土壌病害，線虫害，生理障害，およびこれらの複合的な要因により起こる．同じ作物または，同類の作物を連続して栽培することにより，様々な障害が起こるが，作物により，また地域や土壌条件により原因が複雑なため，対策は一律には行なえない．

　連作障害の根本的回避対策は，輪作であることはいうまでもない．原始的な農法においては，焼き畑のように，開墾した耕地に数年間作付けをし，地力が消耗するとその畑を放棄して自然植生による地力の回復を待つというも

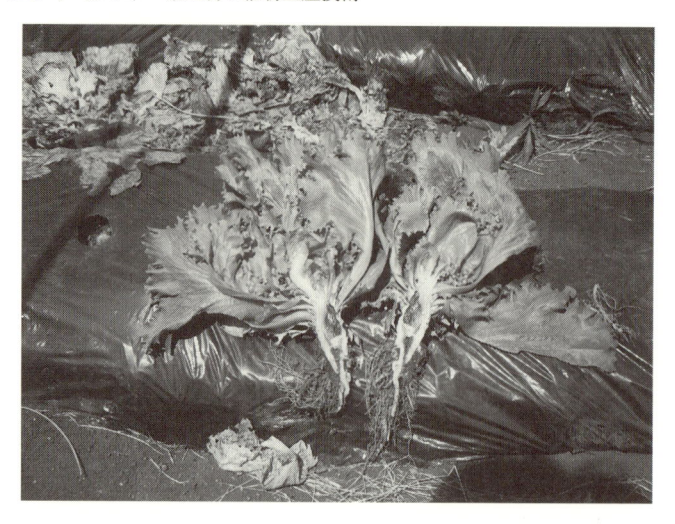

図 5.12　芯が浸潤する連作障害を受けたレタス

図 5.13　ハクサイの代表的連作障害，ネコブ病

のであった．18世紀に入りヨーロッパを中心にして，三圃式農法が考案された．これは，1年目秋まきコムギ，2年目春まきオオムギ，3年目休閑のように，畑を三分割して3年に一度休閑させるものである．三圃式農法では，広大な放牧草地を周囲にもち，家畜の排泄物などを休耕畑に入れて地力の増進

をはかった．その後，多年生牧草とイネ科穀物を輪作する穀草式農法，三圃式農法の休閑地にクローバ，青刈り飼料などの飼料作物を栽培する改良三圃式農法などをへて，輪栽式農法が現われた．輪栽式農法では，飼料用の根菜類を導入し休閑地と放牧場を廃止した．18世紀末にはじまった輪栽式の原型であるノーフォーク型農法では，冬穀物-根菜-夏穀物-赤クローバという作付け方式であった．わが国では，稲作が中心ではあったが，江戸時代には，ダイズ，ソバ，ヒエ，コムギなどの輪作が行なわれていた．

　輪作の作物の順番を考える際に，それぞれの作物の連作障害を受ける程度と作物の組み合わせが重要である．連作障害を受ける程度や病気の発生期間は，作物の種類によって異なる．望ましい休栽期間は，落花生，ホウレンソウ，ネギ，キュウリでは1～2年で良いが，ダイズ，インゲン，ナガイモでは3～4年，テンサイ，ゴボウ，トマト，ハクサイでは5～6年，エンドウ，ナス，スイカ，薬用ニンジンでは7年以上である．また，病原菌のなかには宿主範囲の広い多犯性の病原菌がおり，同一病原菌に侵される作物は連続して栽培することは避けるべきである．例えば，ナス科のトマト，ナス，ピーマンは，共通した土壌病原菌により連作障害が発生する．加えて，連作作付け順序を考える際に，作物の栽培期間や堆肥を投入する時期などの準備期間を考慮して圃場利用計画をたてる必要がある．

（2）土壌病害の種類と発生のしくみ

　植物の病気については，病原菌，ウイルス，動物（線虫，昆虫など）などによる伝染性の病気と，土壌の養分のアンバランスや有害物質などに起因する非伝染性の生理病がある．どちらも作物栽培に関連し，また，連作障害とも関係するが，ここでは主に病原菌に由来する伝染性の病気について概説する．

　植物は病気にかかると，細胞や組織が死んだり発育不良を示し，はなはだしい場合には枯死にいたる．反対に，茎の節から多数の枝が発生するテング巣病や細根が多数発生する毛根病のように，生長促進や器官形成異常を起こす病気もある．いずれにしても，これらの病気により作物の生育抑制や収量，品質の低下を招く．植物が病気になるのは，病原菌と宿主の相性（親和

性)とさらには，温度，湿度，土壌水分などの環境要因に大きく依存している．特に，連作障害などの土壌病害は，栄養病理複合障害といわれるように，単に病原菌の存在だけでなく栄養条件や土壌，気象条件により病気の発現や障害程度が大きく影響を受ける．

微生物により発生する土壌病害は，ウイルス，細菌，糸状菌（菌類）による．一般に，植物細胞は固い細胞壁で防護されているため，ウイルスや細菌は自力では生きた植物に感染できない．彼らは，アブラムシなどの媒介昆虫により伝播されたり，傷口などから植物組織に侵入する．

土壌伝染するウイルスは，土のなかに生息する線虫（ネマトーダ）や寄生菌類により媒介される．ウイルスは植物体内に侵入すると細胞内で増殖し，細胞と細胞をつなぐ原形質連絡や維管束を通って植物体内を拡がっていく．一般に，ウイルス病は，葉や花弁にまだら模様（モザイク症状）やちぢれ（萎縮）を引き起こすものが多い．イネの萎縮病，しま葉枯病やムギの萎縮病，タバコモザイクウイルスなどが知られている．ウイルス病の有効な防除方法はないので予防に重点をおく．

原核生物である細菌病には，主に根から地上部への水や養分の通り道である導管をふさぐ導管病と柔組織を侵す軟腐病がある．病原菌は，傷や気孔などの開口部などから侵入する．伝播方法としては，空気，水，土壌，種苗，昆虫，動物，人，農耕器具などがある．細菌のなかにはべん毛などで移動性を持つものがいる．土壌や作物の残根や根圏で増殖した菌が土壌中に数年生き延びるものもあり，防除が困難な場合が多い．病原細菌によって引き起こされる導管病としては，青枯れ病がよく知られている．トマトやナスなどでは，青枯れ病にかかると生育中に突然萎れて枯れる．根から侵入した病原菌は導管内で増殖し導管を閉塞させ，水の吸収を妨害する．この病気はシュードモナス・ソラナセアルムという細菌がおこすが，この菌は土壌中で越冬し5年以上も生存する．また，多犯性で28科100種以上の植物を侵す．野菜類の軟腐病も，ハクサイ，キャベツ，ダイコン，ネギなど数十種類の作物をおかす土壌病害で，エルウィニア菌によって引き起こされる．病原菌は，土のなかに生存して，主として傷口や害虫の食痕から侵入する．はじめ組織が

水浸状となり，後に軟化崩壊して，罹病した組織は褐色を呈し悪臭を放つ．

土壌中に生息する細菌のアグロバクテリウムによる根頭がんしゅ病や毛根病は，根のつけ根にコブを作ったり多数の細根を発生させる．アグロバクテリウムは，本体の遺伝子とは別にプラスミドと呼ばれる環状DNAを持ち，植物細胞に感染するとプラスミドは植物の遺伝子に取り込まれ，植物ホルモンやオピンというアグロバクテリウムの栄養物質を生産するようになる．アグロバクテリウムは，プラスミドを植物に注入することにより，植物の器官形成や代謝を変化させて，自分たちの餌（オピン）とすみか（コブ）を作らせる．このようなプラスミドを植物に注入するアグロバクテリウムの性質は，植物の遺伝子組み換えによる外来遺伝子導入（形質転換）に利用されている．

糸状菌（菌類，カビなど）による病気が，植物の病気のなかでは最も多い．菌類の栄養体は，細長い糸状を示すことから糸状菌と呼ばれる．土壌中の糸状菌は，動植物の遺骸や有機物を分解して生活している腐生菌が多数を占めるが，なかには植物のベト病，さび病，うどんこ病などのように生きた細胞にのみ寄生する純寄生菌（活物寄生菌）や，イネいもち菌，ジャガイモ疫病菌，白絹病，ナシ黒はん病のように生きている細胞から栄養を取りやがて弱らせたり殺したりして養分を奪う殺生菌がいる．図5.14に示すように，病原菌の胞子は，植物根から分泌される栄養物質などにより発芽して菌糸をのばす．菌糸が付着器を介して根内に進入し，菌糸から吸器を植物細胞内に出して栄養分を奪う．菌糸の固まりである菌核を形成して養分を蓄えるものもある．栄養体の発育が進むと胞子をつくる．胞子には有性胞子と無性胞子があり，前者は越年や遺伝的多様性の付与など種属の生き残りの役目をはたし，後者は急激に蔓延して二次伝染を引き起こすときに形成される．

フザリウム菌やピリキュラリア菌などが主な土壌病原糸状菌である．イネ紋枯病などをおこすリゾクトニア・ソラニは，多犯性で48科263種の植物に寄生する．菌類による病気の特徴は，彼らが無傷の表皮に自力で孔を開けて侵入できることである．侵入には，物理的な力やセルラーゼ，クチナーゼ，ペクチナーゼなどの細胞壁溶解酵素を出して分解する場合がある．ただし，イネいもち病が冷害時に大発生するように，菌類病の蔓延は気象や土壌条件

第5章 微生物と植物生産技術

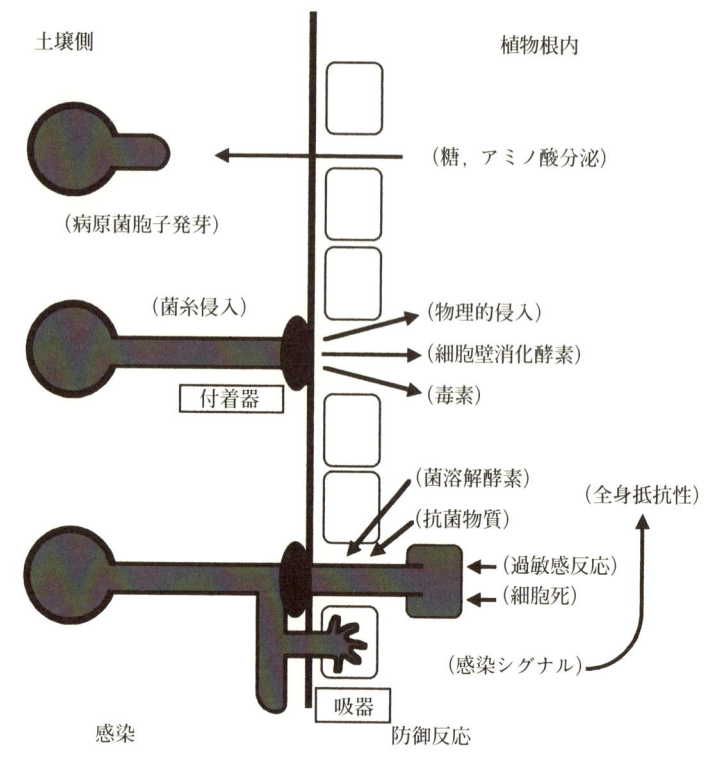

図5.14 病原菌による植物への感染過程と植物による防御反応

に支配されることが多い．病原菌の胞子の発芽や植物への侵入には，菌の感染力や植物の抵抗力，温度や水分の影響が大きい．菌類は，酸性で好気的環境を好むので，畑を水田にしたりアルカリ性にすると防除できる場合がある．

　一般に，植物に病気を起こす菌は，多種多様な微生物のうちのごく少数に限られる．また，多犯性の病原菌でも，宿主以外の植物はおかせない．これは，病原菌が植物に侵入できなかったり，侵入しても植物側の抵抗反応に合い撃退されるためである．植物は，病原菌の侵入を菌の細胞壁，タンパク質，分泌物などによって認識し，抵抗反応を引き起こす．このような物質はエリシターと呼ばれている．そこで植物は，サプレッサーと呼ばれる病原菌を抑

制する物質を放出したり，キチナーゼなど菌を溶解する酵素を分泌して反撃する．また，菌に侵入された細胞は，過敏感反応といって局部的に自ら細胞の崩壊を引き起こし，感染を局所にとどめることまでする．さらに，感染部位からサリチル酸やジャスモン酸などの感染シグナルを出して全身に感染を知らせ，防御反応に必要なタンパク質（PRタンパク質）の合成スイッチを入れる．これにより，抗菌物質を生産したり，細胞壁を補強して更なる病原菌の侵略に備える．したがって，病原菌の立場からみると，幾重にも張りめぐらせた植物の防衛網を突破したり，うまく宿主の感知レーダー網をくぐり抜けたものだけが病気を引き起こすことができる．抵抗性品種は，病原菌を認識して防御する能力が高い品種であり植物病害に対する重要な対抗策であるが，しばらく栽培していると，抵抗性品種の抵抗性をも打破する病原菌が蔓延してさらに被害が拡大する場合もある．

（3）土壌病害対策

連作障害対策をはじめ土壌病害対策は農業上重要な課題であるが，学問的にも技術的にも未解決の部分が多い．土壌の耕耘，圧密，熱処理などの物理的対策，石灰や土壌消毒剤による化学的対策，拮抗微生物などを利用する生物的対策に加えて，有機物の施用，輪作などの総合的防除策が望まれる．水耕やロックウールなどを用いた養液栽培は，土を用いないため「土壌」病害が発生することはない．施設設置や維持費に高額の費用を必要とするにもかかわらず大規模な養液栽培が普及している理由の一つは，ハウスや露地での連作障害や土壌病害を回避することにある．ただし，培養液循環式の養液栽培では，いったん病気が発生すると培養液の流動とともに病原菌が移動し，作物が全滅することもある．最近では，培養液を再利用しない掛け流し栽培が増えたが，廃水中の養分濃度が高いと不経済なだけでなく，廃液による環境汚染を引き起こす恐れがある．

物理的な防除法としては，深耕や圧密などの耕耘方法により軽減する方法がある．土壌を30～50 cm深耕することにより，透水性や通気性を良くし，根系の発達を促し，作物の生育を旺盛にすることができる．成田によると，キュウリつる割病やハクサイネコブ病のように通気性不良な畑で発生しやす

い病気は，深耕により軽減効果が認められている．反対に，テンサイ苗立枯病では，土壌をローラーで圧密することにより軽減効果があった．これは，菌糸や胞子の土壌中における移動を困難にしたためである．一方，表土にのみ多く生息しているムギ類立枯病菌や白絹病菌の様な場合には，表土と心土を入れ換える天地返しによる軽減効果がある．しかし，土壌の深部まで分布している菌については，深耕や天地返しは効果がないばかりか，微生物の生息数や種類が少ない心土が表面に現われることにより，土壌，特に表土の持つ病原菌の抑止力が低下して病気がひどくなることもあるので注意が必要である．このように，菌の性質や生息部位により対策は全く異なるので，個別に対応する必要がある．

物理的防除の新技術として，遮根シートを用いて病原菌の住む下層土と根を分離することにより，トマト青枯れ病（細菌病）を防除する上原の試みがある．青枯れ病菌は胞子などの耐久体を作らないため乾燥や低温に弱く，トマト栽培1年後の作土に菌は検出されなかった．しかし，青枯れ病菌は心土に潜んでおり，トマトを連作したところ，急速に病気が蔓延し，土壌消毒をした場所も含めて，最終的にはすべての株が病気となった．そこで，根を通さないポリエステル製布を表土の下に張りつめて心土と分離してトマトを栽培したところ，発病を長期にわたり抑制することに成功した．また，太陽熱消毒を併用したところ，さらに効果的であった．圃場全面にシートを敷くのは大変であるが，温室や施設内などでは効果的技術である．

連作障害や土壌病害の防除には，土壌消毒薬による化学的防除法がもっとも即効性があり，D-D剤，EDB油剤，臭化メチル，クロルピクリンが用いられている．野菜作地帯では土壌消毒は常識となっており，関東地方では，1 ha当たり平均76 kgの消毒剤が使用されている．しかし，これらの消毒薬は揮発性の劇薬であり，病原菌のみならず土壌の微生物やミミズなどの生物を無差別に殺す危険性がある．また，人間も含めて生物に対する毒性が強いこと，環境汚染を引き起こすこと，土壌の生物や微生物を少なくすることによる地力の低下を起こすことなどから，今後，土壌消毒を安易に続けていくことはできない．統計によると，世界で年間に350～500万人が急性農薬中

毒にかかっており，農業従事者や消費者の農薬による健康障害が危惧されている．臭化メチルは，防除効果が高く多用されているが，大気汚染物質であることから2005年までに全廃することが決まっている．

　土壌病害の防除法として，最近，生物的防除に期待が集まっている．特定の作物を連作しても障害が現われにくい抑止土壌や，いったんひどくなった連作障害がさらに連作を続けると症状が軽減する衰退現象が知られており，これらは土壌中の生物による効果と考えられている．特定の菌（病原菌）が蔓延すると，それを食べる動物や微生物が増えてくる．

　土壌病原菌が作物に感染するためには，土壌中で生き残り，宿主の根圏または根面で増殖し，根や細胞内に侵入しなければならない．他の微生物や生物の働きで，いずれかの過程を押さえ込んでしまえば病気を防除できる．特に，根圏に他の微生物が多く分布していると病原微生物が入り込みにくいことが認められている．菌根などが共生している根は病原糸状菌が感染しにくい．また，病原性のない類似の菌が多数生息していると，栄養分やすみかなどの競合により病原菌数が抑制できる可能性がある．蛍光色素を作るシュードモナス菌は，非病原性の根圏拮抗微生物として期待が高まっている．この菌は，連作障害が起こりにくい抑止土壌に多くみられるとともに，コムギなどの根圏に多く分布し，コムギ立枯病の菌糸を溶解し，病気を抑制する効果がみられる．また，病原菌を捕食する原生動物や，病原菌の生育を抑える抗生物質を生産する放線菌などの働きも生物的病原菌抑制効果として期待できる．

　このように，微生物や他の生物を利用して病原菌の生育や感染を抑制する方法はエレガントではあるが，実際どのような微生物を選び，どのように接種し，土壌中で増殖，定着させるかは難しい問題である．一般に純粋培養した一種類の菌を外から土に入れても，多種多様でかつ膨大な数の土壌微生物群のなかではほとんど効果が出なかったり排除されてしまう．遺伝子組み換えなどにより増殖能力と病原菌に対する拮抗力の強いスーパー微生物を人工的に作り出し，土壌に接種して定着を図るのも一つの戦術ではあるが，その際は，その微生物自身が土壌生態系や環境に悪影響を及ぼさないことを十分

に確認する必要がある．

　生物的防除の別の方法として，土壌の生物性を豊かにする，すなわち，微生物やミミズその他多種多様な生物が生活しやすい土壌環境を作り，土壌生物の数や種類を増やすことにより，病原菌の増殖や感染を軽減しようとする方法がある．具体的には，堆肥や有機物を施用する，青刈り作物を導入するなどの方法がある．よく腐熟した堆肥を連用している篤農家の畑では連作障害が出にくい．また，乾燥豚糞を施用することより，キュウリべと病の発生が軽減されたという試験結果も得られている．

　土壌中には，多種多様な微生物が生息しており，通常は餌やすみかが限られており，増殖をやめていたり胞子など耐久体でひっそりと生きている．これらの微生物に餌やすみか，生育に適した環境（温度，水分，酸性度など）が与えられると，彼らは爆発的に増殖する．したがって，特定の微生物を土に導入するよりも，もともと土着している微生物群に餌を与えたり，環境を整えて，植物栽培に好適な土壌微生物を増やす方が有効であろう．

　土壌に有機物を加えると，はじめに糖やアミノ酸など分解しやすい基質を利用して細菌類が急激に増殖する．1カ月ほどで細菌数は徐々に減少に転じる．一方，菌類は，セルロースやヘミセルロースを分解する能力を持っているため，それらを消費して長期間増え続ける．植物残さ成分中，リグニンの分解は遅く，担子菌により分解を受けたり，腐植を形成する．このように，有機物の性質により分解する微生物や増殖する菌の種類が変わる．

　一般に，新鮮有機物や鶏糞のように，窒素を多く含み炭素/窒素比（C/N比）が20以下の有機物は土壌中で速やかに分解され，無機窒素を急速に放出するため，化学肥料と同様に即効性肥料としての効果が期待できる．ただし，新鮮有機物の施用直後には，ピシウム菌など糸状菌の胞子が一斉に発芽して幼根を壊死させることがあるので，作物の播種は新鮮有機物を投入した後1カ月以上間を開けた方が良い．一方，オガクズ堆肥やコーヒー粕堆肥などのように窒素が少なく，分解されにくい有機物も長期的には無機化されて作物に利用されるが，施用直後にはむしろ土壌の無機窒素を低減させ，作物が窒素飢餓に陥る恐れがある．これは，土壌微生物が，低窒素有機物を分解

して増殖するさい土壌の無機窒素を体内に取り込むからである.

　以上のように土壌に有機物を投入することにより,地力の維持と微生物のコントロール,さらには土壌病害の低減が期待できる.土壌に毎年堆肥を30 t/ha程度投入することが望ましい.しかしながら,現在問題になっているように,投棄を目的に大量の畜産廃棄物などを許容量を越えて土壌に投入することは,地下水の硝酸汚染や塩類集積などを引き起こすのでやってはならない.

　その他,連作障害や土壌病害対策として,接ぎ木や混植により回避する方法がある.ユウガオやカボチャなど土壌病害に抵抗性の強い台木を用いる接ぎ木法が広く行なわれている.また,カボチャ台木のスイカとネギの混植により,フザリウム菌によるスイカつる割病が著しく軽減し,根の褐変度,病原糸状菌密度がともに低下したことから,北海道ではこの栽培法が実用化されている.これは,ネギ根面で増殖するシュードモナス菌の抗菌力によるとされる.さらに,育種や遺伝子組み換えで病気に強い作物の育成も重要である.ただし,1遺伝子の改変により抵抗性を与えても,やがてそれを打ち破る病原菌が出現し,病気が激発する恐れがある.圃場で幅広い病原菌のレースに耐病性を示す品種を育成したり,単一品種を広域に栽培するよりも多品種を栽培する病原菌対策が望まれる.また,土壌環境や栽培方法なども勘案した総合的防除対策を考える必要がある.

　いずれにしても,環境に負荷をかけず永続的に作物栽培を営むためには,輪作を基本とする農業を再評価する必要がある.特に,田畑輪換は,畑と水田を交互に繰り返すため,土壌病害を強くコントロールできる.新潟県の農業総合研究所では,1979年以来,長倉の田畑輪換圃場に水稲とダイズを交互に作付けしている.この間,ダイズ,稲とも生育,収量は安定しており,連作障害はみられない.最近13年間のダイズ子実収量は2.7〜5.0 t/haで,異常気象などによる年次変動はあるが,平均3.7 t/haと多収を維持している.

　イネも畑で連作をすれば連作障害を起こすことから,水田で連作して障害が起こらない理由は,イネに連作耐性があるからではなく,水田という特殊な環境による.多くの植物に病気を引き起こす糸状菌や線虫は好気呼吸によ

り生命を維持しているため，水田状態になり，酸素欠乏になると増殖できなくなったり死滅する．田畑輪換は，土地の条件に依存し，圃場整備の必要性があるが，農薬を用いないでも土壌病害や連作障害を効果的に防止できる方法であるので活用が望まれる．

4．微生物資材と微生物の生態

(1) 微生物資材とは

土壌微生物の働きを補うためや，作物栽培に悪影響をあたえる病原菌の抑制など，作物栽培の改善を目的として，土壌や有機物，種子などに添加する生きた微生物，または微生物と培地や担体（キャリア）を含む資材を微生物資材という．微生物資材は，細菌，放線菌，糸状菌，酵母などの微生物を培養したものであり，マメ科作物と共生して窒素固定を行なう根粒菌が古くから用いられている．また，最近，菌根菌も高級花卉の栽培や荒れ地の緑化促進などの目的で販売されるようになった．さらに，近年，生ごみ分解促進や堆肥腐熟促進，あるいは，病原菌の拮抗微生物など連作障害軽減効果を目的とする微生物資材が多数販売されている．ただし，これらの資材には，製法や菌の種類，菌数が適切に記載されていないものが多い．さらに，微生物資材のなかには，効果の確認が不十分で信頼性に欠けるものもある．有効性が確認されている微生物資材であっても，その効果の現われ方は緩やかであり，施用方法や土壌環境条件により効果がみられる場合もあるが，全く効果が認められない場合もある．

(2) 作物への養分供給を助ける共生微生物資材

作物栽培で不足しがちな養分や，土壌中に豊富に存在しても植物に吸収しにくい形態の養分を可給態化する微生物には，マメ科作物と共生して窒素を供給する窒素固定菌，広範囲の植物根に共生しリンや水の吸収を助ける菌根菌の働きが顕著であり実用化されている．それ以外にも，世界的にはリンや鉄の供給が不足する耕地が多いので不溶性のリンを可給態化するリン溶解菌，鉄を可給態化する微生物などについても今後利用が期待される．

もっとも古くから利用されており，効果も明らかな微生物資材は根粒菌で

ある．根粒菌は，1895年米国において特許が取られニトラギンという商品名で販売が開始された．培養した菌を泥炭（ピートモス）などの粉末担体にまぶして販売している．わが国においても，第二次大戦以前に東京大学農学部遊離窒素研究室などで根粒菌の研究と普及が行なわれたが，1953年より十勝農協連において，根粒菌の培養と配付が事業化された．十勝農協連では，種子に根粒菌を噴霧後，真空乾燥したノーキュライド種子という接種済種子を供給しており，農家の根粒菌接種の手間が省け接種効果も高い．

　根粒菌については，水耕や土耕ポット栽培試験では，接種効果が顕著であるが，干拓地などマメの栽培歴がない耕地においては種子接種や培養菌懸濁液の土壌への添加を行なっても，期待通りに根粒が付かないことが多い．数年連続して接種を繰り返したり，根粒菌の生息する土壌を添加すると根粒の着生が良好になる．このことは，播種時に純粋培養根粒菌を接種しても，根粒を多数形成するには接種菌の増殖が追いつかなかったり，菌の移動や土壌への定着が不十分であることを示している．さらに，土着根粒菌が先住している土壌では，後から接種した菌は根粒形成にほとんど寄与しないことが明らかになってきた．この事実は，すでに根粒菌が定着している場合には，必ずしも毎年接種しなくても良いことを意味する．しかし，ダイズ根粒菌のなかにはリゾビトキシンという毒素を生産する病原菌に近い菌がおり，この菌が根粒を形成すると，ダイズは毒素のため黄化して枯死に至る場合もある．米国で広範囲に発生し大きな被害を被ったリゾビトキシン生産菌や，根粒形成能や窒素固定効率の高くない菌がすでに定着している土壌では，優良菌株を接種して更新することが望まれるが，実際には非常に困難である．土着菌が優先する理由としては，接種菌よりも土着菌の方が数が多く，かつ広く土壌に分布していることや，そこの土壌条件にあった菌のタイプが定着していることがあげられる．一方，同じダイズ根粒菌であっても，土着菌は多数の遺伝的なタイプがあることがわかってきた．南澤らが，新潟県農業試験場の長倉圃場と隣接する中沢圃場に生存しているダイズ根粒菌の遺伝子を調べたところ，遺伝的子型が異なる数十種類以上のタイプのダイズ根粒菌が生息しており，両圃場では菌のタイプが異なっていた．遺伝的に多様な土着菌

は，環境変化があっても多種のタイプから適応性の強いものが優先的に増殖し根粒形成に至るのかもしれない．

今後，優良根粒菌の定着をはかるには，土壌中における接種根粒菌の挙動を詳細に追跡する必要がある．接種菌の追跡をするためには，接種菌と土着菌を区別しなければならない．しかしながら，根粒の形や根粒菌の性質では厳密には区別できないので，最近，人為的に標識をした根粒菌が利用されている．皆川らは，大腸菌のβ-グルクロニダーゼ（GUS A）という酵素を遺伝子組み換えにより導入した根粒菌（gus 標識菌）を用いて土壌中での挙動を調べた．この酵素を持つ菌は，酵素反応の基質である X-Gluc という物質を与えると青い色素を体内に蓄積するため，この酵素を持たない一般の根粒菌と識別することが容易である．この菌は培養菌（単生菌）でも共生状態（バクテロイド）でも GUS 活性を示す．したがって，根粒断片に X-Gluc を与えて感染域が青く染まれば標識菌が感染しており，染まらなければ非標識菌が感染したことが分かる．

液体培養した標識菌では，菌数と基質を加えた後の青色の濃さには比例関係があるため，代謝産物の青色の吸光度から標識菌の数を推定することを試みた．しかし，土壌中の根粒菌は大部分が土壌粒子に吸着しているため，標識菌を含む土壌に X-Gluc 溶液を加えて一定時間置いた後，土壌懸濁液にフェノールを添加して，菌体細胞を破壊するとともに青色色素を抽出して吸光度を測定する方法により土壌中に存在する標識菌数の推定が可能となった．

標識根粒菌を用いて，根粒菌の土壌内における動きと根粒形成について調べた．図 5.15 の様なプラスチックケースに土壌を詰め，ケース中央にダイズを播種し，土壌の片隅に標識根粒菌懸濁液（1×10^8 細胞）1 ml を接種した．土壌には，ダイズを栽培している新潟県農業総合研究所の長倉（沖積土）土壌および中沢（火山灰土）土壌，最近ダイズを栽培していない曽野木（沖積）土壌，五十嵐（砂質土壌）土壌，と滅菌バーミキュライトを用いた．土壌懸濁液を段階的に希釈して菌数を推定する手法（最確値法）で土着根粒菌数を推定した結果，長倉，中沢，曽野木，五十嵐で，それぞれ，土壌 1 g 当たり 5.8×10^5, 3.1×10^5, 1.7×10^4, 8 細胞であった．ケースで栽培したダイズ

根粒の GUS 活性から標識根粒菌による感染率を調べたところ，長倉 25％，中沢 35％，曽野木 100％，五十嵐で 98％であった．また，滅菌バーミキュライトでは 100％標識菌による感染を示した．この結果は，土着根粒菌密度が高いほど接種菌による感染率が低いことを示す．ここで，土壌中の標識菌数をフェノール抽出法で調べた結果，標識菌の増殖率は，長倉 1,218 倍，中沢 538 倍，曽野木 513 倍，五十嵐 173 倍，バーミキュライト 98 倍であった．また，根粒菌は接種位置にのみ留まっておらず，土壌全域に拡がっていた．この結果からは，ダイズの栽培

図 5.15　標識根粒菌を利用した接種菌の挙動の追跡（皆川律子ら，1997）

歴がある土着菌密度が高い土壌（長倉と中沢）では接種根粒菌の増殖率が高かったにもかかわらず，根粒形成は土着菌が勝った．したがって，長倉，中沢圃場では，土着菌による拮抗作用で接種菌の増殖が抑制されたために感染率が低いのではなく，土着菌の根圏密度が高いことが，接種菌感染率が低い最大の理由と考えられる．

　上記の標識根粒菌のように特定の菌にレポーター遺伝子などを組み込んで標識することにより，そのマーカー菌の土壌中における，増殖，移動，定着を直接調べることが可能である．これまで，根粒菌も含めて微生物資材の多くが，接種菌が土壌中に定着したか否かを確認する手段がなかったため，そ

の効果にも疑問が持たれた．今後，微生物資材の有効性をマーカー菌の土壌中での挙動や活性などの面から実証的に確認する必要がある．

(3) 拮抗菌の利用

　土壌では，菌類胞子の発芽や菌糸の生長が抑制される現象がみられる．このような土壌の働きは静菌作用と呼ばれている．土壌を殺菌すると静菌作用もみられなくなることから，静菌作用は土壌微生物の働きによると予想されている．このような静菌作用を強めることにより，病原菌の抑制が可能かもしれない．また，防除を目的とした薬剤などを施すことなく，連作栽培など土壌病害が発生しやすい環境下でも，病気が発生しない抑止土壌や，連作で一旦低下した生育収量が回復する衰退現象が観察されている．これらの土壌においても，土壌微生物の拮抗作用により，病原菌の増殖が抑制されたり発病が抑えられている．

　植物の生長を促進する微生物は，植物生長促進根圏細菌群（PGPR）などと呼ばれ，病原菌を抑える働きをする拮抗菌や，植物ホルモンなど生理活性物質を分泌する微生物がいる．最近，農薬や土壌殺菌剤の過度の使用に対する反省から，生物的な土壌病原菌防除がめざされ，特に拮抗菌の利用が期待されている．病原菌は，根面で増殖したり，根面を突破して植物根に侵入するため，根面で生育している微生物を利用した生物防除の有効性が高い．土壌微生物の病原菌に対する拮抗作用は，一般的拮抗作用と，特異的拮抗作用に分けられる．一般的拮抗作用は土壌のどこでもおこり特異性も低く，土壌の静菌作用として知られている．一方，特異的拮抗作用は，病原菌の活動に対応して，根面あるいはそのごく近傍で特定の拮抗微生物の作用でおこると考えられている．

　拮抗微生物の持つべき性質としては，対象作物の根圏や根面で生息し，根の伸長に伴い微生物も増殖すること，ならびに病原菌に対して強い抗菌活性を持つことである．拮抗微生物が病原菌を抑える仕組みとしては，①抗生物質を生産して他の菌の生育を抑制する（バチルス，シュードモナス，ペニシリウムなど），②病原菌に寄生して溶菌する（トリコデルマなど），③栄養分を奪い病原菌を飢えさせる（一般的微生物群），④植物に感染抵抗性を付与

する（蛍光性シュードモナス菌など），⑤根を被い病原菌を近付けない（外生菌根菌など）があげられる．

　古くは，1930年代に土壌伝染性糸状菌に感染するトリコデルマが拮抗菌として認識され，わが国においても1954年に，タバコ腰折れ病・白絹病の農薬としてはじめて登録された．1998年末には，殺虫剤6種，殺菌剤4種，除草剤1種の微生物が農薬として認可されている．一例をあげると，根頭がんしゅ病を引き起こすアグロバクテリウム・ツメファシエンスに近縁のアグロバクテリウム・ラジオバクター84株の強い防除効果が認められ，わが国でも1989年に農薬として登録された．この株は，近縁の菌に対して特異的に働く抗菌物質バクテリオシンを産生して根頭がんしゅ病を抑える．

　拮抗菌とその餌やすみかとなる資材を同時に添加すると効果が高まることが知られている．豊田は，トマト萎凋病菌に抗菌活性を持つ根面生息細菌セラチア・マルセッセンスを分離し，マーカー遺伝子を組み込んで菌の挙動や抗菌性について調べた．その結果，セラチア菌とともに，菌の餌であるキチンを土壌に投与することが，セラチア菌の増殖とトマト萎凋病の防除に有効であった．また，イチゴ萎黄病菌に拮抗活性を持つストレプトマイセス属の放線菌をアルギン酸カルシウムビーズ中に固定することにより，微生物資材の保存，定着，および病気の抑制に効果的であった．

　拮抗微生物以外にも，細菌や糸状菌を捕食する線虫や原生動物，病原細菌に感染して溶菌するファージなどの天敵や寄生生物の利用も考えられる．

（4）有機物分解促進微生物

　農業用の堆肥化促進や，家庭生ごみの分解促進，悪臭防止，腐熟促進などの効能で，多数の銘柄の微生物資材が販売されている．堆肥化促進のためには，堆肥1t当たり，20～40kgを添加するように表示してある資材が多い．また，生わら分解促進には10a当たり200～600kgと大量に施用する．これらの微生物資材は，一般に微生物だけでなく，培養基質，肥料成分，微量要素などを含み，作物生育促進効果がみられても，実際に菌自体の効果なのか，肥料成分の効果なのか判別が難しい．また，生ごみの分解や堆肥化などには，土壌などに生息している菌を活用してもよい．高価な微生物資材のか

わりに生ごみに土壌を混合したり，表面を薄く土壌で被覆するだけでも分解促進や消臭効果がある．堆肥化促進には，できあがった堆肥少量を種菌として添加すれば資材を購入する必要がない．また，稲わら分解促進には，市販の微生物資材よりも少量の米糠を添加して栄養分を高めるほうが効果的であるという試験結果もある．いずれにしても，有機物の分解は，多種多様な微生物群が担っており，微生物の餌としての有機物の質と量，温度，通気，水分など微生物生育の環境が整うように分解系を制御することが重要である．

　農地への有機物の投入には，緑肥の鋤込み，稲わら施用，家畜糞尿スラリーの散布など動植物残さや排泄物を直接利用する場合もあるが，新鮮有機物投与直後は，様々な有害成分や異臭が発生したり，病原菌の発生など微生物相が極端に変化するので，堆肥化（コンポスト化）して与えるほうが安全である．新鮮有機物の発酵（堆肥化）過程で，微生物の有機物分解活動に伴い熱が発生し，粗大有機物の細片化，水分含有量の低下と軽量化，病原菌や雑草種子，害虫卵の死滅，臭気の軽減，衛生面や取り扱い面での改善効果がある．また，堆肥自身が，有用微生物資材であり，堆肥中の微生物は土壌微生物を増やし，有機物分解などを促進する．従来，堆肥は，農家が自給的に作ることが多かったが，最近は，都市ごみや畜産廃棄物などについては，公的な堆肥施設などで一括して処理することが多い．いずれにしても，農業廃棄物，食品廃棄物，家畜や人間の糞尿は，廃棄物であると同時に貴重な資源でもあるので，適正な堆肥化を行ない農地へ還元する必要がある．

おわりに

　最近の国連統計によると1999年に世界人口は60億人を突破した．このことは，最近39年で倍増したことになり，21世紀半ばには100億人を越えると予測されている．将来にわたり人類を養い，野性動植物を絶滅の危機から守るには，生産性を確保しつつ農耕地や自然生態系の破壊を防ぐ，新しい農業技術の確立が求められている．環境に負荷を与えず，一定の生産を維持できる合理的な施肥方法や，毒性や残留性の無い農薬も含めて新しい病害虫対策の開発が大切だと思われる．一方，消費者も傷一つない工業製品のよう

に規格化された農作物を求めるよりも，形が悪く多少虫食いでも，栄養価が高く安全な農産物を購入する知恵が必要である．さらに，畜産廃棄物やし尿などの各種有機物の土壌還元と有効利用は，農地にとってもまた環境にとっても重要であるので，有機物の農業リサイクルと環境保全を重視しなければいけない．このさい，有機肥料と化学肥料のどちらかのみというのではなく，双方の利点を生かす工夫が求められる．

最近，環境に拡がってしまった農薬や化学汚染物質の分解や除去に土壌微生物の有機物分解能力を用いる試みが注目を集めている．これはバイオレメディエーション（生物的環境修復）と呼ばれている．微生物は多数の集団のなかに，天然物であれ人工物であれ分解するものが生息していたり，分解活性を持つものが生じるという特性を持っている．

原始的で小さな生物でありながら多彩な能力を持つ微生物について理解を深め，動植物の先祖であり，また地球上での先住者である彼らと仲良く共存していく必要がある．

参考文献

農学大事典 1977. 養賢堂.

植物栄養土壌肥料大事典 1976. 養賢堂.

土壌・植物栄養・環境事典 1994. 博友社.

根の事典編集委員会 編 1998. 根の事典 朝倉書店.

熊澤喜久雄 1987. 改訂増補植物栄養学入要 養賢堂.

久野 均 他 1999. 新編 植物病理学概論 養賢堂.

都留信也 1976. 土作り講座 4 土壌の微生物 農文協.

金野隆光・前田乾一・大久保隆弘 1976. 土作り講座 2 土つくりの原理 農文協.

西尾道徳・大畑貫一 編 1998. 農業環境を守る微生物利用技術 家の光協会.

伊達 昇 編 1989. 肥料便覧第 4 版 農文協.

土壌微生物研究会 編 1996. 新・土の微生物 (1) 耕地・草地・林地の微生物 博友社.

土壌微生物研究会 編 1997. 新・土の微生物 (2) 植物の生育と微生物 博友社.

日本土壌肥料学会 編 1988. 土の健康と物質循環 博友社.

日本土壌肥料学会 編 1993. 植物土壌病害の抑止対策 博友社.

日本土壌肥料学会 編 1982. 根粒の窒素固定－ダイズの生産性向上のために 博友社.

日本土壌肥料学会 編 1993. 植物の根圏環境制御機能 博友社.

五十嵐太郎 編 1997. 土からのラブレター 新潟からの発信 新潟日報事業社.

木嶋利男 1992. 拮抗微生物による病害防除 農文協.

十勝農業協同組合連合会, 農産化学研究所 1997. マメ科植物根粒菌技術研究史.

大山卓爾 1997. 農業および園芸 72巻, p. 321～324, p. 427～432.

大山卓爾 他 1992. 農業および園芸 67巻, p. 1157～1164.

大山卓爾 1991. 化学と生物 29巻, p. 433～443.

高橋能彦 他 1993. 農業および園芸 68巻, p. 282～288.

佐藤 孝 他 1997. 日本土壌肥料学雑誌 68巻, p. 444～447.

Sato, T. et al. 1999, Soil Sci. Plant Nutr., 45, p. 187~196.

皆川律子 他 1997. 日本土壌肥料学雑誌 68巻, p. 148～155.

Minamisawa, K. et al. 1992. Applied Environ. Microbiol. 58, p. 2832～2839.

山本広基 1999. 土と微生物 53巻, p. 110～117.

第6章　植物資源の利用

　古代ギリシャや中国には，食を通し健康を維持し疾病を予防する「医食同源」の思想が確立していた．わが国においても，江戸時代に，安藤昌益は人と自然の接点は食と医学にあり，コメを中心にした菜食主義を提唱した．しかし，近年は，食生活の改善という名のもとに，菜食から肉食へと移行し，そのため脂肪過多から起こる成人病が顕在化しつつある．このことは，大人はゆうにおよばず小人にも当てはまり，保険衛生上極めて憂慮すべき事態を示唆するものであろう．

　一方，農学分野では，消費者の安全性志向から，食品の"量"から"質"への転換が求められ，園芸作物などの生産物の栄養性（食品の一次機能）や嗜好性（食品の二次機能）の向上とともに，人の生体機能を調節する三次機能が重視されるようになった．例えば，人の老化は，老化源であるスーパーオキサイドアニオン（O_2^-），水酸化ラジカル（OH）ならびに一重項酸素（$^1O_2$）などの活性酸素ラジカルの生成あるいは脂質の酸化によって引き起こされる．これらの過酸化物は食品に由来するビタミンA，C，Eやポリフェノール化合物などで補足や消去が可能とした事実も蓄積し，"食"の人の健康への係わりが広く注目されることとなった．

　他方，米国のハートガイド事業計画に端を発し，わが国でも1993年6月に，厚生省の栄養改善法第12条1項に基づき，2品目が「特定保健用食品」として許可された．

　本章では，世界の人々を扶養する主要な食糧資源について，それらの栄養性あるいは嗜好性とともに，食品としての第三機能である生体調節機能に主眼をおきながら，概説することにしたい．

第6章 植物資源の利用

1. 食糧資源の栄養性

(1) デンプン，タンパク資源

　日本も含む世界の人々を扶養する作物は，コメ，コムギ，トウモロコシ，ジャガイモ，サツマイモ，ダイズならびに雑穀類（ソバ）に代表される．これら作物の一般的な利用形態別に成分を比較すると，熱量が高く，またタンパク質や炭水化物含有量も高いので，人の生存の基礎食品としてエネルギーやタンパク質源となっている（表6.1）．特に，炭水化物に代表されるデンプンは，唾液や膵臓アミラーゼの作用により消化されブドウ糖となり，脳や神経系などのエネルギーとなる．また，これら作物はカルシウム，リン，鉄などの成分も供給するが，学校給食用食パンとゆでエダマメはこれら成分が相対的に高い．しかし，炭水化物に示す繊維は，1.25％硫酸および水酸化ナトリウムで順次抽出された残りの有機質であるので，難消化性の多糖と異なっている．

　脂質については，コメのようにぬか層や胚芽に多く含まれるが，精白によ

表6.1　主要食用作物の一般的利用形態での成分含有量（可食部100 g 中）

種類	熱量(kcal)	水分(g)	タンパク質(g)	脂質(g)	炭水化物 (g)		カルシウム(mg)	リン(mg)	鉄(mg)
					糖質	繊維			
コメ （精白米・めし）	148	65.0	2.6	0.5	31.7	0.1	2	30	0.1
コムギ （食パン・学校給食用）	265	37.0	8.9	4.1	48.0	0.2	49	90	1.1
トウモロコシ （スイートコーン・ゆで）	97	74.7	3.3	0.4	19.7	1.2	3	65	0.7
ジャガイモ （蒸し）	84	78.1	1.9	0.2	18.6	0.4	5	35	0.5
サツマイモ （蒸し）	125	68.0	1.1	0.2	29.2	0.7	26	40	0.5
ダイズ （エダマメ・ゆで）	139	71.1	11.4	6.6	7.4	1.9	70	140	1.7
ソバ （ゆで）	132	68.0	4.8	1.0	25.8	0.2	9	80	0.8

（四訂食品成分表より作成，1999）

りその含量が低下する場合もある．表6.1に示した種類のなかでは，学校給食用食パンとゆでエダマメは他の種類に比較して高い含有量をもった．

1995年12月26日に閣議決定された「農産物の需要と生産の長期見直し」（農林統計協会，1997）では，国民の食糧消費は量的に飽和水準に達し，今後の消費の動向は健康と安全への関心の高まりから1人1日当たりのエネルギー供給量は2,600 kcalで推移する見通しをたてている．また，コメを中心にした「日本型食生活」は一層定着させ，脂質の比率を高めない健康志向型の食生活を進めるとしている．

これらのことから，人間の生存に欠かせない基礎食糧には，表6.1に示した穀類が21世紀も引き続き，エネルギーやタンパク質などの供給源として大きな役割を担うことは疑いない．

他方，非栄養源として扱われている食物繊維は，水溶性繊維と不溶性繊維とに大別され，前者ではペクチン，グルコマンナン，アルギン酸，後者ではセルロース，リグニン，キチンなどにそれぞれ代表される．これらの繊維は人の整腸作用を促す重要な物質として，近年，広く注目されてきている（須見，1999：辻，1999）．特に，食物繊維は，不溶性であるので胃や腸の老廃物や有害物質を，速やかに体内へ排出するので大腸がんの予防にもなるとされている．主要作物中で，これら食物繊維を高含量に含む種類は豆類に認めら

表6.2 主要豆類の一般的利用形態での炭水化物と食物繊維の含有量
（可食物100 g中）

種類	炭水化物 (g)		食物繊維 (g)		
	糖質	繊維	水溶性	不溶性	総量
ダイズ（ゆで）	7.6	2.1	0.9	6.1	7.0
〃（糸引納豆）	9.8	2.3	2.3	4.4	6.7
〃（甘みそ）	36.7	1.2	0.3	5.3	5.6
アズキ（ゆで）	22.3	1.9	0.8	11.0	11.8
インゲンマメ（ゆで）	23.2	1.6	1.5	11.8	13.3
エンドウ（ゆで）	22.7	2.5	0.5	7.2	7.7
ソラマメ（ゆで・未熟豆）	16.9	0.8	0.8	3.6	4.4
落花生（いり）	16.7	3.0	0.3	6.9	7.2

（四訂食品成分表より作成，1999）

れよう（表6.2）．特に，総量ではゆでた「アズキ」と「インゲンマメ」が高く，「ダイズ甘みそ」と「ゆで未熟ソラマメ」で低い値をそれぞれ示した．この総量のなかで，不溶性食物繊維は水溶性のそれに比べて相対的に高い傾向が認められた．後者の水溶性を示す食物は，「糸引き納豆」と「ゆでインゲンマメ」に代表される．このように，豆類は糖質やタンパク質の供給ばかりでなく，整腸作用に欠かせない食物繊維の供給源として重要な位置を占めていることになる．世界各国における国民1人当たり未熟豆類を含む野菜の年間消費量では，韓国の186.6 kgが最高値を，インドネシアの23.6 kgが最低値を，わが国の106.5 kgが中庸値をそれぞれ示している（農水省統計情報部，1999）．

（2）無機質，ビタミンと食物繊維資源

表6.3には，主要生野菜類の無機質，ビタミンならびに食物繊維の含有量

表6.3 主要生野菜類の無機質，ビタミンと食物繊維の含有量（可食部100 g中）

種類		無機質 (mg)				ビタミン		食物繊維 (g)		
		カルシウム	リン	鉄	カリウム	カロテン (ug)	C (mg)	水溶性	不溶性	総量
ダイコン	根	30	22	0.3	240	0	15	0.4	0.8	1.2
	葉	70	43	1.0	300	560	50			
カブ	根	37	24	0.3	230	0	17	0.4	1.0	1.4
	葉	230	39	1.9	300	1800	75	0.3	2.4	2.7
キャベツ		43	27	0.4	210	18	44	0.1	1.8	1.9
ハクサイ		35	36	0.4	230	13	22	0.1	1.0	1.1
タマネギ		15	30	0.4	160	0	7	0.1	1.3	1.4
キュウリ		24	37	0.4	210	150	13	0.2	0.6	0.8
スイカ		6	9	0.2	120	380	6	0.1	0.2	0.3
トマト		9	18	0.3	230	390	20	0.1	0.6	0.7
ニンジン		39	36	0.8	400	7300	6	0.5	1.9	2.4
ナス		16	27	0.4	220	41	5	0.1	1.7	1.8
ネギ		47	20	0.6	180	150	14	0.1	2.2	2.3
ホウレンソウ		55	60	3.7	740	5200	65	0.8	2.7	3.5
パセリ		190	55	9.3	810	7500	200	0.5	5.3	5.8
カボチャ		17	35	0.4	330	620	15	0.4	1.9	2.3

（四訂食品成分表より作成，1999）

について示している．先に述べた穀類や豆類と異なり，野菜は無機質（ミネラル），ビタミンあるいは食物繊維の供給を通し，人の健康や恒常性を維持することに寄与する．まず，無機質についてみると，カルシウムではカブ葉身，パセリ，ダイコン葉身，ネギ，キャベツが，リンではホウレンソウ，パセリ，ダイコン葉身，カブ葉身，ハクサイ，ニンジンが，鉄ではパセリ，ホウレンソウ，ダイコン葉身が，カリウムではパセリ，ホウレンソウ，ニンジン，カボチャ，ダイコン葉身，カブ葉身がそれぞれ高い値を示した．ビタミンでは，パセリ，ニンジン，ホウレンソウ，ダイコン葉身，カブ葉身が可食部 100 g 中 40 mg 以上のビタミン C 含有量をそれぞれ示した．また，食物繊維では，パセリ，ホウレンソウ，カブ葉身，ニンジン，ネギ，カボチャが可食部 100 g 中 2 mg 以上の含有量を示した．一般に，これら無機質は微量であるにもかかわらず，人の骨や歯（リン），ヘモグロビン（鉄）ならびに浸透圧や pH の調節（カリウム）に機能することが知られている．また，これらの成分は，バランスのとれた食品の摂取で不足することはないが，偏食すると不足の恐れもでてくる．したがって，無機質の補給には，多糖類の野菜を組み合わせて摂取することが必要であろう．一方，ビタミンでは，ビタミン K・B_{12} やパントテン酸のように腸内細菌によって生成されるものもあるが，脂溶性のカロチン（プロビタミン A）や水溶性のビタミン C などは主として野菜から摂取しなければならない．特に，野菜のなかで，パセリやダイコンとカブの葉身に，これらビタミンが高く含有するので，ダイコンとカブの葉身の摂取を進める必要があろう．野菜の食物繊維では，水溶性繊維に比べて不溶性繊維が高く含有しているが，豆類に比べてかなり低い値を示すにすぎない．

一方，果樹類は，糖質，ビタミンならびに食物供給源としても，野菜と同様重要なものである．1996 年度での果実の消費量では，1 人 1 日当たり約 150 g であり，ジュースなどの加工品の伸びが著しい．表 6.4 には，主要果実における成分表を示した．この表が示す通り，温州ミカン，カキ，バナナは，糖質，ビタミン，食物繊維が豊富である．特に，果樹の特徴としては，リンゴ酸，酒石酸やクエン酸などの有機酸あるいは水溶性の食物繊維としてペクチンが特異的に含有することである（田中, 1999）．また，バナナは，糖質含量

表 6.4 主要果実類の炭水化物，ビタミンと食物繊維の含有量（可食部 100 g 中）

種類	炭水化物 (g)		ビタミン		食物繊維 (g)		
	糖質	繊維	カロテン (μg)	ビタミンC (mg)	水溶性	不溶性	総量
温州ミカン（普通）	10.9	0.3	120	35	0.8	1.1	1.9
リンゴ	13.1	0.5	11	3	0.3	1.0	1.3
カキ	15.5	0.4	120	70	0.2	1.4	1.6
ブドウ	14.4	0.2	15	4	0.1	0.3	0.4
ナシ	10.1	0.6	0	3	0.2	0.7	0.9
モモ（桃）	9.2	0.4	10	10	0.4	0.8	1.2
〃（ネクタリン）	11.5	0.4	65	10			
バナナ	22.6	0.3	27	10	0.1	1.6	1.7

（四訂食品成分表より作成，1999）

が高いので手軽にエネルギー補給を可能にする．

　これらの事実から，人の健康や恒常性の維持には野菜や果樹の供給が必要不可欠であり，野菜のなかでもダイコンとカブの葉身，ホウレンソウやニンジンなどは多量に摂取することも可能であるので，無機質，ビタミン，食物繊維の補給源としてますますその重要度が高まると推察される．また，果樹類には，野菜にない有機酸や水溶性ペクチンを含有するので，加工品も含めた消費量が増大することを期待したい．

（3）油料資源

　世界の油料作物は，ココナツ，ワタ，ヒマワリ，オリーブ，ナタネ，ごまなどに代表される．しかし，これら作物から精製される油脂は，その大部分が外国からの輸入に頼らざるを得ず，もし国内生産を高めるとすれば魚油や動物油脂の利用も十分考慮する必要がある．年間1人当たりの消費量は 14.2 kg であり（1992年），今後もこの消費量は横ばいで推移すると予想されている．また，脂質の主成分である脂肪酸は，炭素鎖が水素で飽和されている飽和脂肪酸と炭素が水素で飽和されず炭素同士が二重結合した不飽和脂肪酸に大別され，不飽和脂肪酸のリノール酸（C 18：2），リノレン酸（C 18：3），アラキドン酸（C 20：4）は必須脂肪酸として位置づけられている（菅野，

1999).しかし,飽和脂肪酸の過剰摂取はコレステロールや中性脂肪が増加するので,成人病の原因ともなるので,厚生省で望ましい脂質エネルギー比率(全摂取エネルギーの20～25%)が定められている.

近年,成人病の予防から,ビタミンE,オレイン酸,リノール酸,アルファリノレン酸を含む植物油,すなわちオリーブ油,ごま油,ダイズ油,トウモロコシ油,落花生油,ナタネ油(キャノーラ油)などの摂取が推奨されている.また,脂質は,油脂類以外の穀類,豆類,肉類や卵から摂取する割合も高いので脂質総摂取量に注意が必要である.

これらのことから,良質な油脂をもつ大豆,ごまあるいはナタネの国内生産を増加させることは,国民の成人病予防にも大きく寄与することになる.

(4) 甘味料資源

甘味料資源は砂糖に代表され,その砂糖はサトウキビやテンサイから精製される.わが国の砂糖の生産量は年間88万tのまま2005年まで推移すると予想されているが,しかし消費量は2005年には1人当たり17kgに減ずると見込まれている(農林統計協会,1997).最近,グルコースイソメラーゼを用いたバイオリアクターにより,まずデンプンをアミラーゼにより分解し,生成したブドウ糖を,ブドウ糖と果糖の混合物である異性化糖も作られている.

他に,甘味料としては,ステビア葉や甘草の根から,ステビオサイドとグリチルリチンがそれぞれ分解抽出されている.これらの甘味物質は,低カロリーで抗う蝕性や整腸作用をもち,砂糖に比べて100倍以上の甘味度をもつとされており,健康増進の観点から需要は拡大すると予想されている.

2.食糧資源の調理と安全性

(1) 安全性

農産物は,果樹や野菜の一部を除いて,ゆでる,炊く,蒸す,炒める,煎るなどの調理操作で可食を可能にする.これらの調理操作で,寄生虫や微生物の害を除外しあるいは有害成分を軽減することができる.一般に,食生活に密着する調理では,加熱することで除菌が可能とされている.例えば,微生

物の種類により温度感受性が異なるものの，酵母＜カビ＜一般細胞の順に死滅しやすく，その死滅は一次反応に従うという．しかし，細菌のなかには胞子を形成する場合があり，バチルススタエロサーモフイラスの死滅には121℃で14分間も必要とされている．また，回虫や鞭虫などの寄生虫は，中国の食習慣にみられるように，強力な火力で生野菜を炒めることで死滅させることができよう．近年，強電解水の製造技術が進み，食中毒の原因細菌O-157やサルモネラ属菌を強酸性電解水（次亜塩素酸水）で殺菌を行なう新しい方法も提出されている（小宮山・堀田，1999）．この方法は，従来用いられていた次亜塩素酸ナトリウム（サラシ粉）と異なり，有効塩素が20～50 ppmの低い濃度で，生野菜や果物の殺菌を可能にした．今後，この方法は，農産物の品質への影響もないことから，生産-流通-食卓までの過程に広く活用されることとなろう．

一方，水質環境基準では，硝酸態窒素が「要監視項目」に指定され，全国の河川，湖沼や海域で10 ppmが目標数値になっている．飲料水と家畜の飼料では，0～11.3 ppmと2,000 ppmがそれぞれ硝酸態窒素の許容限界値とされている．なぜなら，この硝酸態窒素は，腸内細菌により亜硝酸に還元され，変性タンパクに由来する二級アミンと結合し，がんなどの疾病の変異原性物質になるからである．しかしながら，野菜に代表される農産物には，法による規制がないのが実態である．

表6.5には，無機質肥料と有機質肥料とで栽培した各種野菜の硝酸態窒素含量について示した（葭田，1989）．調査対象としたのは，葉菜類の6種，根菜類の5種と果菜類の2種との計13種類である．硝酸態窒素含量では，有機野菜は無機野菜に比べてその含量が高くなる種類は，ホウレンソウ，レタス，キャベツ，シロナ，サトイモ，ニンジン，カボチャである．特に，高含量をもつ有機野菜は，ホウレンソウ，シロナとニンジンである．しかし，これら野菜は，施肥量や生育日数も異なるので，全窒素に対する硝酸態窒素の比率（％）で硝酸イオンの蓄積を評価することが望ましい．すなわち，比率が高くなる場合は，茎葉中の硝酸イオンが体内の有機物へと同化されたと理解されるからである．その結果，両肥料とも，この比率が高くなる野菜はシ

表6.5 栽培法の相違が数種野菜の硝酸態窒素含量に及ぼす影響

野菜の種類	硝酸態窒素 mg/gDW		全窒素 mg/gDW		$\dfrac{硝酸態窒素}{全窒素} \times 100$ (%)	
	無機	有機	無機	有機	無機	有機
ホウレンソウ	4.33	8.21	54.46	58.47	7.95	14.04
レタス	3.10	3.22	32.51	39.22	9.54	8.21
キャベツ	1.85	1.91	31.86	31.95	5.81	5.98
ニラ	2.87	2.06	38.42	45.31	7.47	4.55
シロナ	10.91	17.20	51.52	53.04	21.18	32.43
タマネギ	0.01	0.01	25.19	26.07	0.04	0.04
ダイコン（切り干し）	2.71	2.30	18.12	20.52	14.96	11.21
サトイモ	0.17	0.68	19.84	24.08	0.86	2.82
ジャガイモ（男爵）	0.09	0.02	14.85	15.58	0.61	0.13
ゴボウ	3.84	2.36	31.33	20.15	12.26	11.71
ニンジン	0.91	1.66	15.54	20.54	5.86	8.08
カボチャ	0.01	0.11	15.11	19.24	0.07	0.57
トマト*	9.94	2.94	—	—	—	—

* μg/ml果汁

(葭田 1989)

表6.6 ハクサイ，キャベツの加熱調理による硝酸塩含量の変化

加熱方法	ハクサイ		キャベツ	
	NO_3-N ppm	残存率 %	NO_3-N ppm	残存率 %
ゆでる（湯ゆで） 材料100g沸騰水道水500ml中で3分加熱	209	45	69	37
ゆでる（水ゆで） 材料100g水道水500mlを5分加熱	209	45	83	44
煮る 材料100g水道水100mlを4分加熱	347	75	107	57
炒める 材料100gバター5gを2分加熱	465	100	189	100

ハクサイ加熱前 NO_3-N 465 ppm，キャベツ加熱前 NO_3-N 189 ppm，水道水 NO_3-N 54 ppm．

(畑 1979)

ロナ，ホウレンソウ，切り干しダイコン，ゴボウ，レタスなどであった．このことは，野菜のなかには乾物当たり1％を超える硝酸態窒素含量をもつも

のもあり,化学肥料や有機質肥料を問わず,すべて肥料の多投に基因することを示唆している.このような有害成分の野菜における過剰蓄積は,安全性を損なうばかりか嗜好性も悪くするし,さらに施肥効率も低下させるので,良識ある生産者団体では基準値を設け,硝酸イオン試験紙で100g新鮮物中300mg(硝酸態窒素で67.8mg)以下になることが望ましいとしている.

他方,この野菜に含有する硝酸イオンは,ハクサイとキャベツなどの例が示すように,ゆでることによりゆでる前の値の約1/2に軽減されるが,炒めるとその軽減が認められないことも報告されている(表6.6).このことは,硝酸イオンの有害物質の除去はゆでることにより可能となり,食品としての安全性が増すことを示唆している.他に,ジャガイモのソラニンなどの有害成分も加熱により除去される.

(2) 嗜好性

野菜には,嗜好性を悪くするえぐ味,苦味あるいは渋味などの成分がある.例えば,サトイモのズイキと子イモとホウレンソウのシュウ酸のえぐ味,苦がウリ(ゴーヤ)や加賀太キュウリのククルビタミンの苦味あるいは三社ガキのタンニンの渋味などに代表される.これらの成分は,水浸,加熱やアルコール処理で除去は可能であるが,野菜では主として育種的手法により軽減されている.著者らは,えぐ味の主成分であるシュウ酸を,パントテン酸カルシウムや5-アミノレブリン酸(5-ALA)をホウレンソウに散布すること

表6.7 ホウレンソウのシュウ酸軽減に及ぼす5-ALAの効果

処理濃度	全シュウ酸 (mg/100g新鮮重)	えぐ味の評価*		
		A氏	B氏	C氏
対照区,水	665	◎	○	○
5-ALA, 50 ppm	335	○	△	×
5-ALA, 100 ppm	420	○	△	×
5-ALA, 300 ppm	335	○	△	×

* ◎:「えぐ味」が大変強い
○:「えぐ味」が強い
△:「えぐ味」を感じる
×:「えぐ味」をほとんど感じない

(蒄田 1994)

で軽減を可能にしている.表6.7には,ホウレンソウのシュウ酸軽減に及ぼす5-ALAの効果について示した(葭田,1994).この表が示す通り,5-ALAのホウレンソウへの茎葉散布は,えぐ味の主成分である全シュウ酸含量を軽減でき,しかも「えぐ味」ではほとんど感じないと評価される場合もあった.また,加賀太キュウリの苦味果では,葉中の硝酸態窒素およびアミノ酸含量が高くなるとした報告もある(加納ら,1996).

これらの事実のなかで,「えぐ味」については,シュウ酸や硝酸イオンの複合効果で発生するものであるが,水溶性シュウ酸や硝酸イオンはゆでることで除去も可能であり,嗜好性の改善につながると判断される.

(3) 栄養性

農産物は,コメのデンプンやダイズのタンパク質のように炊飯や煮沸によりはじめて消化される場合と,野菜のようにゆでることでビタミンの損失が認められる場合とに大別される.また,コメの精米のように,搗精度が高まると栄養成分が逆に低下する場合もある.例えば,玄米を精白米にすると,タンパク質,脂質,灰分あるいはビタミンB群の含量が著しく低下する.特に,ビタミンB_1,B_2とナイアシンの含量は,22%,50%と31%にまでそれぞれ低下する(表6.8).このことから,コメの栄養強化の観点から,精白米にビタミンB群やCを添加する強化米あるいは胚芽米,七分づき米の消費が奨励されている.

一方,葉菜では,主としてゆでることにより食することになるが,この場合生葉に比べビタミンのB群あるいはCが低下すれば,逆にカロチン含量が高まる.例えば,葉菜の代表格ともいえるコマツナでは,生のカロチンは

表6.8 コメの搗精度と成分(可食部100g当たり)

種類	カロリー (kcal)	炭水化物 (g)	タンパク質 (g)	脂質 (g)	灰分 (g)	ビタミン (mg)		
						B_1	B_2	ナイアシン
玄米	351	72.8	7.4	3.0	1.3	0.54	0.06	4.5
精白米	356	75.8	6.8	1.3	0.6	0.12	0.03	1.4
強化米	362	77.1	7.0	1.3	0.6	125.0[1]	5.0	1.5

[1] 特殊栄養食品標示許可基準100~150mg

(四訂食品成分表より作成,1999)

可食部100g中3,300μgで,ゆでのそれは5,100μgに増加する.チンゲンサイでの値は,生の1,500μg,ゆでの2,300μgであった.また,このカロチンは野菜100g当たりに600μg以上含有すると,緑黄色野菜として区別されている.人の吸収利用の面では,カロチンが脂肪性の性質をもつので,生よりゆでたりあるいは油で調理することにより,小腸での吸収が2～5倍高まるとされている.

このカロチンを高含量に含有する資源作物としては,野菜ではパセリ,ニンジン,ホウレンソウ,果実ではマンゴー,パッションフルーツ,アンズなどが代表的なものであろう.

他方,水溶性を示すビタミンCは,野菜を水洗あるいはゆでることにより,15～50％の損失がある.特に,ゆでることによる損失が最も大きいが,沸騰水に野菜を入れることでビタミンCの分解を抑制し損失を少なくすることもできる.

主要なビタミンCを供給できる作物は,野菜ではパセリ,ブロッコリーと芽キャベツ,果実ではグアバ,レモン,イチゴなどである.

表6.9 アスコルビン酸含量に及ぼす5-ALA処理の効果

品種 (作期)	処理区	全アスコルビン酸 (mg/100 g FW)	(％)	還元型 アスコルビン酸 (mg/100 g FW)	酸化型 アスコルビン酸 (mg/100 FW)
スーパー キング (春作)	対照区	13.59	(100.0)	8.68	4.91
	5-ALA 50 ppm	18.82	(138.5)	9.75	9.07
	5-ALA 100 ppm	7.01	(51.6)	2.64	4.37
	5-ALA 300 ppm	11.07	(81.5)	5.27	5.80
アトラス (秋作)	対照区	36.29	(100.0)	25.25	11.04
	5-ALA 50 ppm	39.09	(107.7)	35.87	3.22
	5-ALA 100 ppm	42.97	(118.4)	31.09	11.88
	5-ALA 300 ppm	16.46	(45.4)	9.97	6.49
次郎丸 (秋作)	対照区	28.36	(100.0)	20.51	7.85
	5-ALA 50 ppm	33.44	(117.9)	25.15	8.29
	5-ALA 100 ppm	39.62	(139.7)	28.70	10.92
	5-ALA 300 ppm	38.50	(135.8)	28.50	10.00

(蒄田 1998)

他方，これらビタミンの野菜における含有量は，肥料の種類，加温ハウス栽培あるいは栽培時期などで大きく変動する．すなわち，一般に，標準施肥区は多肥区に，露地栽培はハウス栽培に，冬期栽培は夏期栽培にそれぞれ比べて，ビタミンの含有量が多くなることも認められている（表 6.9）．著者は（蒄田，1993），作期を変えてホウレンソウを栽培し 5-ALA を散布したところ，全アスコルビン酸（ビタミン A）が 8～40％も増加させることを見い出した．この効果は，品種は異なるものの，春作と秋作でともに認めることができた．

　このように，ビタミン C はカロチンに比べて，呼吸基質や調理の過程での損失が大きいが，栽培方法の工夫や植物生長調節剤 5-ALA の散布でそれら含量を高めることも可能であろう．

3．食糧資源の流通・貯蔵と栄養性

（1）低温貯蔵

　一般に，農産物は収穫後 3～5℃で予冷され，消費までの日数は 2～3 日位必要とされる．店頭では，2～10℃の範囲で保存されている．しかし，野菜のビタミン C などは，収穫後から呼吸基質として消費されるので，必然的にその含量は低下する．ホウレンソウの例では（山下，1994），室温流通に比べて 3℃の予冷で，ビタミン C の残存率が 20％以上も高まることならびに 10℃での貯蔵の残存率が 90％以上の値を示すことなどが認められている．極端な例では，キャベツやレタスをカット野菜にすると，ビタミン C は速やかに低下するが，この低下程度は 4℃の低温貯蔵で著しく軽減されるという．

　他方，最近では，氷温よりさらに低温領域（0～－2℃）での「超氷温」貯蔵技術が進歩してきている（山根，1996）．この技術は，農産物の細胞破壊が少なく，有害菌の繁殖を抑え，もぎたての状態のままで保存できることならびにアミノ酸やアスパラギン酸といった旨味成分を増加させることなどのメリットがあるのが特色である．ナシでは「新水」や「豊水」の高糖度品種は 6～9 カ月も品質を損なわず保存が，キャベツでは貯蔵 2 カ月目でも重量変化がなく鮮度も高く維持されたことをそれぞれ指摘されている．このよう

な，氷温貯蔵技術は，野菜や果実を生と死の境界温度で細胞を生きたままの状態で維持することや栄養成分の損失の軽減に大きく寄与する特徴がある．また，この技術は，魚肉，畜肉，鶏卵の貯蔵や氷温熟成，氷温発酵にも広く利用できることも特色である．

（2）雪中貯蔵

古く江戸時代には，「氷室」を作り，その氷や低温を生活に活用していたと推察される．現代でも，利雪の観点から，農作物の新栽培法や貯蔵技術の開発が積極的に行なわれている．著者らは（吉岡，1999），各種野菜を積雪下で貯蔵し，それらの品質についてみたところ，シュンギクとホウレンソウとも全糖とデンプンなどの炭水化物含量が高まり，逆に有害成分である硝酸態窒素が著しく軽減した．また，特に，積雪下の両作物の過酸化脂質生成抑制率は，対照のそれに比べ著しく高まった．この抑制率の高まりは，ポリフェノール含量の高まりとも一致した．

一方，積雪のない表日本では，「寒じめ」という方法で（加藤・小沢，1996），ホウレンソウに低温処理すると，4週間目で糖は4倍，ビタミンCは2倍，ビタミンEは1.6倍に増加させることに成功している．これら野菜の低温順化にともなう有益成分の増加の知見は，夏季においても雪解けの冷水や日本海の深層水（深さ，250 m：水温，5℃）の貯蔵への活用で，高付加価値型農産物ができる可能性を導くものであろう．

（3）CA貯蔵

CA貯蔵は，Controlled atmosphere storageの略であり，高二酸化炭素・低酸素・低温貯蔵の組み合わせで，農産物を貯蔵する手法である．対象とする農産物は，リンゴ，洋ナシ，カキ，ニンニクなどが主となっているが，野菜への拡大も期待されている．リンゴの例では，CO_2 5％・O_2 3％・温度3.3℃の貯蔵条件下でやけの発生率，果芯の褐変率あるいは酸度の軽減率が大幅に抑制され，商品価値の持続期間も長くなったという．一方，わが国では，ポリエチレン袋を用いたCA貯蔵法の開発が進められ，袋内は呼吸によるO_2の消費とCO_2の蓄積で低O_2，高CO_2の気体環境が作れる．果実では，ハッサクとアマナツへの適用が多い．

(4) キュアリング貯蔵

主としてサツマイモの長期貯蔵のため,高温度35～36℃・高湿度90～95％で5～6日間処理する.このことにより,掘り取り作業や輸送中に発生する傷口をカルス化させ,黒斑病や軟腐病などを回避する.果実では洋ナシ,スモモ,バナナに適用され,バナナでは30℃で果皮の黄化抑制,40℃では追熟が阻止されるとした事実もある.この場合,酸性ホスファターゼの活性阻害が関与するという.これらの事実が示すように,温度や湿度を高めることで,生産物の貯蔵性が増すことは,利便性も高いので適用範囲の拡大が望まれる.

(5) 輸送と鮮度保持

農産物のうち,青果物の貯蔵と流通には,追熟ホルモンであるエチレンを除去することが望ましい.この除去法には,大谷石の自然洞窟や大谷石を5％混入したエチレン吸収フィルムが利用されている.一般に,収穫後の農産物は輸送過程で乾燥や衝撃(物理的刺激)により容易にエチレンが発生し,このことが農産物の鮮度保持の妨げになる.このため,野菜を低温と高湿度にすることはいうまでもないが,他にフィルム包装やエチレン発生の程度により種類を区別することあるいはシュンギクとホウレンソウで行なわれている縦置(垂直)で流通させるなどの工夫がなされている(漆崎,1988).特に,野菜の縦置が横置に優ることは,野菜の合目的な性質として屈曲を回避することにあるという.極めて植物の生理現象に逆らわない自然な方法である.このように,農産物の鮮度保持には,低温,高湿度,姿勢などを通し,エチレンの生成を抑制あるいは除去が深く関与することになる.

4. 食糧資源の生体調節機能

(1) 穀類

コメ,コムギやソバは,人の生存のためのエネルギー供給源として,「食」の中心的役割を担っている.近年,これら穀類の胚芽やぬか層には生体機能調節物質の存在が報告されるにいたり,にわかに注目されるようになった.このことに関し,1984年に文部省特定研究「食品機能の系統的解析と展開」

に端を発し,農林水産省ならびに科学技術庁の大型研究が発展することになった.これらの研究の目的とするところは,食品のもつ生体調節機能を活用し,人の健康維持や疾病予防に寄与する成分探索や機能食品の開発であろう.さらに,1998年6月には,京都市で「コメの高度利用に関する国際シンポジウム」も開催されるにいたった.

これら研究成果やシンポジウムの内容から注目されることは,コメ,コムギやソバは精白した胚乳部分を食するが,これまで未利用資源でもあった胚芽やぬか層に,生体機能を調節する有効物質が特異的に存在することの重要性が指摘されたことであろう.例えば,フィチン酸,イノシトールリン酸,フェルラ酸,α-ないしγ-トコフェロールは,穀類の胚芽やぬか層に多量に存在し,酸化防止,免疫機能の強化あるいは大腸がんの予防などに効果があるとされている.穀類のなかでも,コメぬかは9.5%～14.5%のフィチン酸をコメ胚芽には100g当たり60μgのα-トコフェロールならびに30mgのγ-トコフェロールをそれぞれ含有する.特に,コメぬかにおけるイノシトールリン酸(IP_3)とフィチン酸(IP_6)は,がん,心筋梗塞や脳血栓を予防する効果が高いことも指摘されている.また,ポリフェノールの一種であるフェルラ酸は(図6.1),コメぬか油の精製過程からでる「コメぬかピッチ」に含まれ,油脂の酸化や活性酸素による遺伝子のダメージを抑制するとした新しい事実もある.他に,コメにはアトピー性皮膚炎を発症させるアレルゲンタンパク質も含有するので,食物アレルギーをもつ患者には注意が必要である.酵素分解処理した低アレルゲン米(特定保健用食品,第1号)も市販されている.

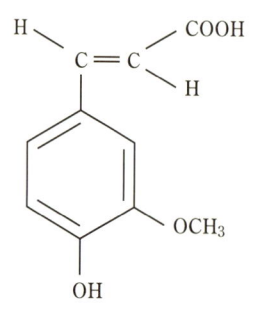

図6.1 トランスフェルラ酸

他方,コメには赤米や紫黒米ならびに大麦ふすまにはアントシアニンやプロアントシアニジンなどのポリフェノール化合物を含有し,リノール酸の自動酸化を抑制したりあるいは活性酸素を捕捉し消去することも明らかになっている.著者らは(蓮田ら,1999),アントシアニンを強く発現する紫黒米の

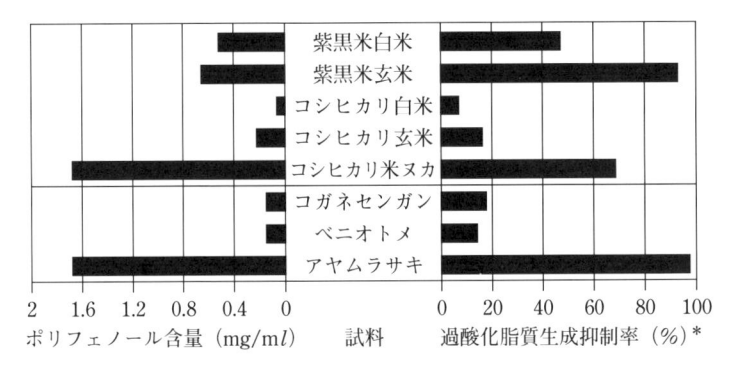

図 6.2 コメとサツマイモにおける過酸化脂質生成抑制率とポリフェノール含量との関係
* 対照のビタミン E の過酸化脂質生成抑制率は 95〜98 % である.
(葭田 1999)

過酸化脂質生成抑制率を調査したところ,対照の標品ビタミン E の値に匹敵する高い抑制率を示すことを認めた(図 6.2).一般に,フェノール化合物は,フラボノイド化合物と非フラボノイド型フェノールに大別され,ポリフェノールは特定の物質を指すのではなく,分子内に水酸基(OH)を二つ以上をもつ化学構造を有する化合物の総称である.しかも,ポリフェノール同志が重合したポリマーが,ポリフェノールに比べて著しい抗酸化力をもつとされている.このポリフェノールのなかには,タンニン,カテキン,ケルセチンなども含まれる.また,このポリフェノールは,ポリフェノールオキシダーゼによって酸化され,最終的には黒褐色となる.これらの事実から,穀類は,イノシトールリン酸,フィチン酸,フェルラ酸,トコフェロールならびにポリフェノールを含有するので,エネルギー供給の他に新しい生体機能を調節する物質のソースとして貴重なものとなろう.また,このことと関連し,アントシアニンを多量に含有するイネは,紫外線と高温環境の熱帯地方に生存する場合が多く,この理由としては酸化ストレスの強い環境下の生存にポリフェノールが必要なものであるとした指摘も興味があろう(大澤,1998).

(2) 豆類

ダイズやアズキは豆類を代表する作物であるが、これら子実にはサポニン、イソフラボンや食物繊維を多く含有し、不飽和脂肪の酸化防止、コレステロールの排泄、肝機能や便秘改善などに効果をもっている。また、未熟ダイズやソラマメは、それらの子実にないビタミンC、ビタミンB_1とB_2、鉄など供給源にもなる。サポニンは、朝鮮ニンジンや田七ニンジンの主成分となっており、皮膚がんを抑制したり、幅広い疾病予防の効果がある。したがって、ダイズの加工食品を多く摂取することは、朝鮮ニンジンなどと同様、人の健康維持に大きく寄与することとなる。

他方、豆腐過程で出る「おから」は、食品産業分野における未利用資源の一つでもあるが、納豆菌やテンペ菌で発酵させることで、抗酸化性資源に変換する事実も出されている(田村・竹中、1999)。すなわち、リノール酸の過酸化に対する「発酵おから」から抽出した水溶性物質を評価したところ、その水溶性物質には強い抗酸化力を示すという。

これらの事実が示すように、大豆子実や加工過程で出る「おから」にいたるまで、抗酸化作用を通し、人の健康維持に寄与することは疑う余地がない。

(3) イモ類

近年、サツマイモやジャガイモの肉色が橙色や紫色あるいは黄色をもつ品種が、バイオテクノロジーの技術により多数作出されている。これらの品種は、アントシアニンやカロチンが高含量であることも特徴の一つである。図6.2にも示した通り、サツマイモの肉色が紫色をした「アヤムラサキ」と白色の「コガネセンガン」、「ベニオトメ」との過酸化脂質生成抑制率を調査したところ、他の2品種に比較し「アヤムラサキ」には、極めて強い過酸化脂質生成抑制率を示した。この「アヤムラサキ」には、8種類のアントシアニンが存在することも知られている(津久井ら、1999)。したがって、「アヤムラサキ」の強い抗酸化力は、これらのアントシアニンの効果に由来すると推定される。また、ビタミンB_1やCならびにカリウムに富むジャガイモにも、抗酸化作用があるとした事実もある。

他に、キクイモやヤーコンは、水溶性食物繊維のフラクトオリゴ糖が多量

表 6.10　ラッキョウの炭水化物含有量に及ぼす 5-ALA の効果

処理区	炭水化物, %				
	全糖	還元糖	非還元糖	デンプン	フラクタン
対照, 水	4.67	0.72	3.95	9.05	3.49
5-ALA 単剤 30 ppm	4.35	0.92	3.43	9.06	4.97
5-ALA 単剤 100 ppm	4.08	0.85	3.23	8.50	3.46
5-ALA 単剤 300 ppm	4.19	0.82	3.37	6.39	5.15
5-ALA 30 ppm + 尿素 0.05 %	4.11	0.80	3.26	7.10	5.36
5-ALA 30 ppm + 尿素 1.00 %	4.11	0.87	3.25	8.74	8.90
5-ALA 30 ppm + 尿素 1.00 % + 糖[1]	5.88	0.92	3.13	6.82	8.15

[1] 糖濃度：グルコース 2 %　　　　　　　　　　　　　（蒄田, 山川 1997）

に含む特異的な作物でもある．このフラクトオリゴ糖は，人のビフィズス菌の増殖を通し，整腸効果を示すことでも知られている．同様に，ユリ科のラッキョウにもフラクトオリゴ糖（フラクタン）を含有し，この含量は 5-ALA の散布で増加させることに成功した（表 6.10）．したがって，マイナー作物でもあるラッキョウは，人の整腸作用を調節する新しい機能をもつ手軽な資源作物であるということもできる．

　他方，根栽農耕文化を代表する田イモやサトイモには，子イモとズイキに共通して，強い過酸化脂質生成抑制率ならびに活性酸素消去率を高める物質

表 6.11　各種野菜等抽出液の抗酸化性

強いグループ BHA が野菜 100 g 中に 25 mg 以上存在する量に 相当する強さ	中程度グループ BHA が 100 g の野菜に 5 mg から 25 mg 存在する 量に相当する強さ	弱いグループ BHA が野菜 100 g 中に 5 mg 存在しない程度の強さ
シュンギク，ミツバ，ミニトマト，アスパラガス，オクラ，ニラ，ピーマン，ショウガ，レンコン，パセリ，カイワレナ，サヤエンドウ，アシタバ	トウガラシ，ホウレンソウ，ダイコン，ゴボウ，エダマメ，モヤシ，クキニンニク，ハクサイ，カリフラワー，サトイモ，ワケギ，ハッカダイコン，オカヒジキ，パクチョイ，サヤインゲン，ジャガイモ，サツマイモ	カボチャ，キウリ，カブ，ネギ，キャベツ，レタス，ラッキョウ，エシャロット，セロリ，ニンジン，スイカ，メロン，アサツキ

抗酸化性は生鮮物重当たりで計算した（津志田 1999）．

の存在を明らかにした．

（4）野菜類

　国民1人当たりの年間に消費する野菜は106.5 kg（1997年度）で，日常的に食することでもあり，年間を通し切れ目なくミネラル，ビタミンあるいは抗酸化成分を摂取することになろう．すでに，野菜における主要な抗酸化成分は，ビタミン，カロチノイド，フラボノイドであることも明らかにされている．また，野菜抽出物の抗酸化性を評価し，ブチルヒドロキシルアニソール（BHA）相当量の活性で3グループに区別され，活性が強いグループにはシュンギクなど13種類，弱いグループにはカボチャなど13種類そして中庸のグループにはトウガラシなど17種類であることも報告されている（表6.11）．特に，強いグループに属する野菜は，ポリフェノール含量も高く，抗酸化能とポリフェノール含量との間の相関係数が0.79であるという．

　野菜類や山菜類における抗酸化能について当研究室で（葭田ら，1998），調査したところ，42種類の山菜類のなかではフキノトウ，ヒメジョン，コゴミ，サンショウに試料濃度を低めてもなお強い抗酸化能を示すことを明らかにした（図6.3）．特に，ポリフェノールと過酸化脂質生成抑制率ならびに活性酸素消去率との間の相関係数は，それぞれr = 0.815とr = 0.774という強い相関関係があることがわかった．

　他方，中山間地域の野菜資源である赤カブに注目し，それらの根部と葉柄

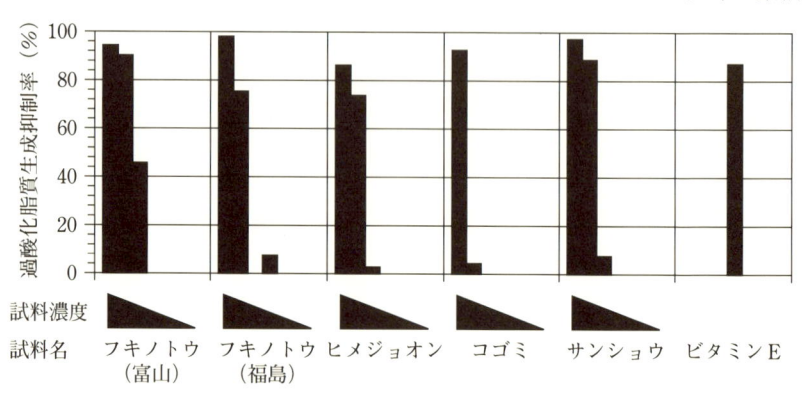

図6.3　山菜の過酸化脂質生成抑制率

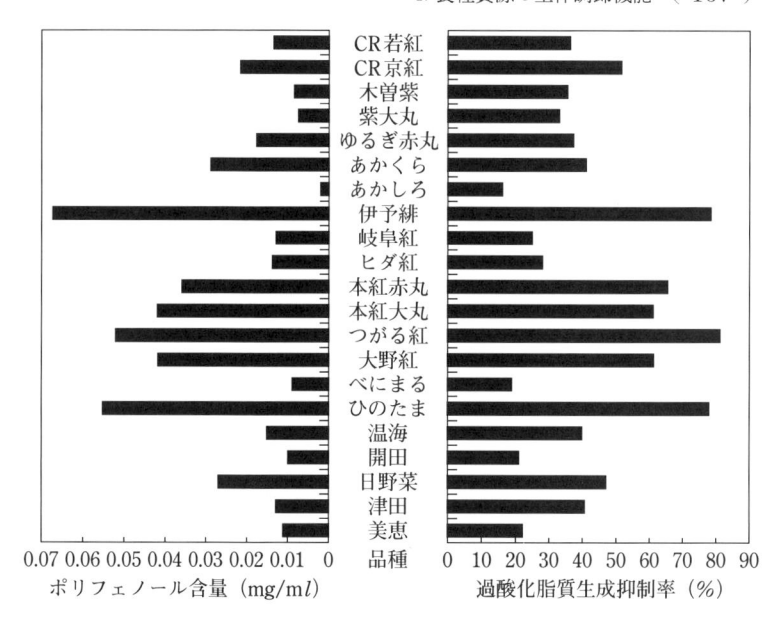

図6.4 赤カブの葉柄部におけるポリフェノール含量と過酸化脂質生成抑制率
標品：ビタミンE＝93％　　　　　　　　　　　　　　　　（葭田ら，2000）

部とその抗酸化能について評価したところ，供試した24品種のうち「伊予緋」，「つがる紅」，「ひのたま」などで両器官とも高い過酸化脂質生成抑制率を示した（葭田ら，1999）．特に，従来，廃棄されていた葉柄部におけるポリフェノール含量と過酸化脂質生成抑制率との間には，$r = 0.941$ の相関関係が認められたことは資源の活用の面からも重視されねばならない（図6.4）．

これらの事実から，野菜の抗酸化能には，ポリフェノールが深く関与するとしてもさしつかえないと判断されよう．

果実のもつ抗酸化能を示す成分では，ブドウ，ブルーベリー，リンゴ，レモン，ミカンなどにそれぞれ特有なフラボノイド，カロチノイド，ポリフェノールあるいはクマリンが含有する．特に，ブドウとブルーベリーのアントシアニンは果皮に含有するので，赤ワインやジャムなどを摂取することで，人の抗酸化能を促進することになる．例えば，ブルーベリーのアントシアニン組成では，そのアグリコンはマルビジンとデルフェニジンであることもわ

かっている．ブドウでは，果皮と果肉に抗酸化能を有することはもちろんであるが，種にも極めて強い抗酸化能や抗菌活性を示す物質の存在も指摘されている（手崎ら，1999）．このアントシアニンの抗酸化の発現機構では，脂質の過酸化反応に伴うペラジカル連鎖反応の切断および $^1O_2$ を含むラジカル生成の抑制の両反応にまたがると推定されている．

　リンゴは，主として水可溶性の食物繊維であるペクチンの供給源であるが，他にフラボノイド類の一つであるケルセチンが多く含まれ，この物質が肺がん予防に対し有効とした報告もある．したがって，人の血液中の抗酸化成分の濃度を高める意味からも，1日1個のリンゴを食することの必要性が説かれている．

　一方，常緑果樹のカンキツ類では（矢野，1999），人の生理機構に作用する成分として，フラボノイドのルチンとケルセチン．フラバノンのヘスペリジンとナリンギンならびにポリメトキシル基を有するフラボノイドのタンゲレチンとノビレチンの存在が明らかにされている．特に，発がん抑制に，このカンキツ類の摂取が有効とした知見も多くあるところから，今後の研究の進展に期待が大きい．

　以上，果樹における抗酸化能について整理すると，他の野菜や穀物に比べて有色系の種類が多く存在することから，それらに含有するアントシアニン，カテキン，フラボノール，カロチノイドが抗酸化能を示す物質の代表になると強く示唆される．

参考文献

畑　明美 1979. 日食工誌 26. p. 403.

加納恭卓，中山由香，山辺　守，石本兼治 1996. 加賀太キュウリの果実及び葉における苦味発現と硝酸態窒素ならびにアミノ酸含量との関連性 園芸学会北陸支部平成8年度研究発講要，15.

加藤忠司，小沢　聖 1996. 寒さを生かした寒冷地ハウスホウレンソウの成分品質の向上　農&園 71. p. 409～412.

科学技術庁資源調査会 1999. 四訂食品成分表 女子栄養大学出版部. p. 1～592.

小宮山寛機，堀田国元 1999. 機能水シンポジウム'99 東京大学講要. p. 1～115.

参考文献

農林統計協会 1997. 図説「農産物の需要と生産の長期見通し」p. 76～79.

農林統計協会 1997. 図説「農産物の需要と生産の長期見通し」p. 1～164.

農林水産省統計情報部 1999. ポケット園芸統計 (財) 農林統計協会. p. 14～176.

大澤俊彦 1998. 酸化ストレスの予防と食品因子 食品工業 7. 30. p. 18～25.

須見洋行 1999. 食品機能学への招待 三共出版.

菅野道廣 1999. 食品脂質の生理機能 農＆園 74. p. 146～150.

田中敬一 1999. リンゴを食べて健康に 園芸学会北陸支部シンポジウム講要, p. 11～16.

田村貴起, 竹中哲夫 1999. 納豆菌及びテンペ菌おから由来水溶性物質の抗酸化性 日食工誌 46. p. 561～569.

手崎彰子, 田辺創一, 森山 恵, 福土江里, 川端 潤, 渡辺道子 1999. ぶどうの抗菌活性成分の単離・同定および食品への利用 Nippon Nogeikagaku Kaishi 73. p. 125～128.

辻 啓介 1999. 食物繊維と整腸機能 農＆園 74. p. 194～199.

津久井亜紀夫, 鈴木敦子, 小巻克己, 寺原典彦, 山川 理, 林 一也 1999. さつまいもアントシアニン色素の組成比と安定性 日食工誌 46. p. 32～38.

津志田藤二郎 1999. 野菜がもつ生理機構 農＆園 74. p. 95～101.

漆崎未夫 1988. 農産物の鮮度保持 筑波書房. p. 1～174.

山下市二 1994. 野菜と健康の科学 養賢堂. p. 47～52.

山根昭美 1996. 氷温貯蔵の科学 農文協. p. 1～173.

矢野昌充 1999. 果実類の生理機能 農＆園 74. p. 113～118.

葭田隆治 1989. 硝酸含量からみた野菜の品質 富山県立技術短期大学研究報告 23. p. 1～5.

葭田隆治 1998. 作物における 5 - ALA の生理効果 日作紀 (別 2) 67. p. 384～385.

葭田隆治 1994. 日本特許願 P 0594709 (整理番号).

葭田隆治, 山川 崇 1997. ラッキョウトニンニクにおける収量と品質に及ぼす 5-アミノレブリン酸の効果 植化調研究記録. p. 121～122.

葭田隆治, 宝田千春, 松浦信康, 生方 信 1998. 山菜における生体機能調節物質の探索について 園芸学会北陸支部要旨, 研究部会 (花), 43.

葭田隆治, 楠 典子, 佐々木千博, 松浦信康, 生方 信 1999. 作物における生体機能調節物質に関する研究 日作紀68(別1). p. 64～65.

吉岡龍馬, 葭田隆治, 鈴木敏彦, 木沢 進 1999. 積雪下に生育する野菜・山菜の生体機能調節物質 日本土壌肥料学会中部支部第79回例会講要. p. 34～35.

葭田隆治, 宝田千春, 荒木一登, 松浦信康, 生方 信 2000.赤カブの葉柄部における抗酸化能の評価 富山県立大学紀要(10). p. 103~108.

(171)

第7章　植物資源と遺伝子工学

(Plant resources & Gene engineering)

　近年，特に発展途上国を中心とした人口の増大は，食糧不足の危機を現実にし，加えて1990年以降の世界的な異常気象による農作物の不作は，食糧供給を一層不安定にしてきた．そのため安定した食糧供給を目的とした高収量，高品質など優れた性質を持つ新品種および有用な植物資源の開発が求められる．遺伝子組み換え技術は，現在の遺伝子工学の先端技術といわれ，作物の品種改良を目的とした農業分野でも，遺伝子組み換え技術が実用化され，植物資源の拡大という点でも期待されている．一方，遺伝子組み換え農作物が食品として利用されるようになって，その安全性に対する不安が高まっていることも事実である．

　本章では，選抜された優良な個体の増殖を目的とする組織培養によるクローンの大量増殖法，新しい品種の開発と改良を目的とした細胞融合法，および新品種・新作物の作出が期待される遺伝子組み換え技術を紹介する．さらに現在，論議の対象となっている遺伝子組み換え作物と安全性についても言及する．

1．植物資源と大量増殖

(Plant resources & micropropagation)

　1個の植物細胞から完全な植物体を再生する能力を分化全能性(totipotency)という．この分化全能性は，植物体から得た細胞による植物体再生が可能であり，植物バイオテクノロジーの基本原理となっている．実際の培養苗生産においては，大きさが数mm～数cmの植物片から植物体を再生させることで，多くの植物体を少量の個体から得ることができる．このような再生された植物体は源となる組織によって区別される．茎頂から誘導された植物体はメリクローン(mericlone)，体細胞から培養した植物体はソマクローン(somaclone)および生殖細胞由来で核相nの植物体はガメクローン

(gameclone) というように区別される．なお，ソマクローンは，プロトプラスト由来のプロトクローン (protoclone) とカルス由来のカリクローン (calliclone) に分けられる．これらの技術を用いた培養苗作出は，従来の挿木苗や実生苗と比較して，収量および品質が高く，かつ増殖率が高いため，優れた植物種の大量増殖技術として植物資源の維持と拡大に大きな役割を果たしている．

(1) メリクローンの作出 (Micropropagation of mericlone)

茎頂 (成長点) から誘導される再生植物メリクローン (mericlone) は，主にウイルスフリー (virus-free) 株の作出と大量増殖に用いられる．

a．茎頂培養によるウイルスフリー株の作出

茎の分裂組織 (図 7.1) から茎頂を摘出し，それを培養することにより短期間に多数の植物体を誘導する方法を茎頂 (成長点) 培養 (meristem culuture) と呼ぶ．茎頂はドーム状の分裂組織と葉原基からなる複合器官である．ここから茎頂点 (0.1〜0.5 mm) を摘出し，幼植物体になるまで培養する．茎頂点はオーキシン濃度が高くウイルスが侵入できないこと，細胞分裂が早く維管束が未発達であることなどから，植物体のなかで唯一ウイルスに汚染されていない部分である．この成長点を利用してウイルスに汚染されていない植物 (ウイルスフリー苗) を作出する．茎頂培養は茎頂点とその葉原基 (leaf primordium) がもとになっていることから，比較的変異がでにくく最も安全で効率の良い増殖法である．その場合，葉原基を2〜3枚付けた状態で培養するのが最も生育が良くまた，ウイルスフリー苗である確率が高くなる．

b．ウイルス検定

茎頂培養によって作出した植物のウイルスの有無は，いくつかの検定法を用いて判定する．

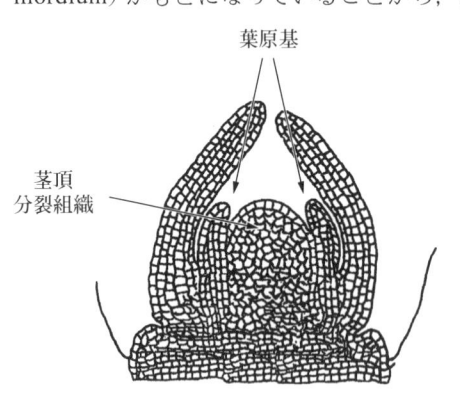

図 7.1 茎頂の構造

① 指標植物（indicator plant）判定法

ある特定のウイルスにかかると，そのウイルス特有の病徴が発現する植物を用いて汁液や接ぎ木で接種しウイルスの有無を検定する．イチゴウイルスは栽培種では明らかな病徴が現われないため，敏感に反応する特定の野生種で接ぎ木によって検定する．被検定植物がウイルスを保毒していると，接ぎ木後 1～2 カ月で新しく展開してくる葉，ランナーあるいは古い葉などに病徴が現われる．この方法は最も一般的であるが，指標植物における病徴が環境条件，生育状態，汁液の作成条件などに影響されるので指標植物の管理に留意する．

② 電子顕微鏡観察法

植物の組織をリンタングステン酸塩などの重金属でネガティブ染色して電子顕微鏡でダイレクトにウイルス粒子を観察する方法（direct negative staining method：DN 法）とグリット上に希釈した抗血清を 1 滴置き，それに組織の切り口を浸して，風乾後，逆染色して検鏡する免疫電子顕微鏡法（immuno‐election microscopy：IEM 法）がある．

③ ELISA 法

ELISA（enzyme‐linked immunosorbent assay の略）法は抗血清法の一つで，特定の酵素と結合させた抗体と抗原を反応させた後，さらに基質を加えて反応させ，発色させて検出する．特に二重抗体法は，低濃度のウイルスを迅速，かつ大量に検出することが可能である．

c．メリクローン（mericlone）を用いた大量増殖

メリクローンを用いる主な利点は，茎頂点を出発点としてウイルスフリー苗を大量に増殖できることである．植物の種によってプロトコーム様体（Protpcorm like body：PLB），多芽体（腋芽：axillary），苗条原基（shoot primodium），マルチプルシュート（multiple shoots），マイクロチューバ（microtuber）などが形成され，それぞれの植物に適した誘導法を用い，茎頂近傍の腋芽を短期間に多数誘導して増殖する．プロトコーム様体は，ランの培養茎頂から形成される球状体で，これから芽が形成される．苗条原基とは，培養茎頂に形成された多数のシュートで，マルチプルシュートは，培養

体から発生した多数のシュートのかたまりになったものをいう．苗条原基およびマルチプルシュートから形成された植物体は，遺伝的に安定している．マイクロチューバーは，ジャガイモの茎から腋芽を誘導して多数のイモを形成させる方法で，遺伝的に安定なものが得られる．最近では，アグロバクテリウム（Agrobacterium）と茎頂培養を併用して形質転換植物体を作出する研究が進められている．

(2) ソマクローンの作出（Micropropagation of somaclone）

体細胞から再生された植物体をソマクローン（somaclone）という．ここでは，プロトプラスト由来のプロトクローン（protoclone）およびカルス由来のカリクローン（calliclone）も，体細胞から培養した植物体であるため，両者をソマクローンとして扱う．

a．プロトクローン（protoclone）を用いた大量増殖

プロトプラスト（protoplast）を出発材料とした再生植物体をいう．プロトプラストは，植物細胞の細胞壁を取り除いたもので，培養すると分裂してカルスを形成し，そこから器官分化あるいは不定胚形成を経て植物体を再生する．プロトプラストは，お互いに融合するので体細胞雑種（somatic hybrid）の作出，またはエレクトロポレーション法やポリエチレングリコール（PEG）法によって他の遺伝子情報をもった高分子を細胞内に取り込むことができるため遺伝子組み換え技術にも利用されている．

① プロトプラストの単離

プロトプラストは無菌播種した植物の胚軸や子葉，葉肉細胞，カルス，芽生え，根組織などから単離する．植物体からのプロトプラストの単離は，ペクチナーゼにより，細胞同士を接着しているペクチン質（pectine）を分解して遊離細胞を得る．続いて，遊離細胞の細胞壁を構成しているセルロース（cellulose）をセルラーゼで分解して得ることができる．この場合2種類の酵素を段階的に分けて使用する方法を2段階法，両酵素を混合して一度に処理する方法を1段階法という．後者の方が一般的に用いられている．ペクチナーゼとしては，マセロザイムR10，ペクトリアーゼY23がよく使われ，セルラーゼとしては，セルラーゼ・オノズカRS，セルラーゼ・オノズカR10

表7.1 プロトプラストの単離に用いられる酵素

酵素名（入手先）	主成分	起源の細菌
ペクチナーゼ		
マセロザイム R 10（ヤクルト）	ポリガラクチュロナーゼ	*Rhizopus sp.*
マセロザイム R 200（ヤクルト）（R 10 の高力価品）	ポリガラクチュロナーゼ	*Rhizopus sp.*
ペクトリアーゼ Y 23（盛進製薬）	ポリガラクチュロナーゼおよびペクチンリアーゼ	*Aspergillus japonicus*
ペクチナーゼ（Sigma）	ポリガラクチュロナーゼ	*Aspergillus niger*
ロハメント p 5（Serva）	ポリガラクチュロナーゼ	*Aspergillus niger*
セルラーゼ		
セルラーゼオノズカ R 10（ヤクルト）	セルラーゼ	*Trichoderma viride*
セルラーゼオノズカ RS（ヤクルト）	セルラーゼ	*Trichoderma viride*
セルラーゼ YC（盛進製薬）	セルラーゼ	*Trichoderma viride*
メイセラーゼ P 1（明治製薬）	セルラーゼ	*Trichoderma viride*
ドリセラーゼ（協和発酵）	セルラーゼ，ヘミセルラーゼおよびポリガラクチュロナーゼを含む	*Irpex lacteus*
セルラーゼ TC（Serva）	セルラーゼ	*Trichoderma reesi*
ヘミセルラーゼ		
ローザイム HP 150（Rohm & Hass）	ヘミセルラーゼ	

が広く利用されている．主な酵素は表7.1に示した．細胞やプロトプラストの破裂を防ぐため，酵素液の浸透圧はマンニトールで0.3～0.7 Mに調節する．単離されたプロトプラストは壊れやすく，また反応液中に細胞残さも多いため，ショ糖溶液とマンニトール溶液を用いて低遠心することで中間層に分離されたプロトプラストを回収する．

② プロトプラストの培養と植物体の再生

プロトプラストは培養すると分裂してカルスを形成し，そこから器官分化（organ differentiation），または不定胚形成（adventitious embryogenesis）を経て再生植物（プロトクローン）を得る．現在，60を超える植物種でプロトクローンが得られている（西尾，1990）．その主なものは，アブラナ科（キャベツ，カリフラワー，ブロッコリー，ハクサイ），ウリ科（キュウリ，メロン），イネ科（トウモロコシ），セリ科（ニンジン，セルリー），ナス科（トマト，ナ

ス，ピーマン，ジャガイモ），ユリ科（アスパラガス），マメ科（ダイズ，エンドウ）などである．

b．カリクローン（caliclone）を用いた大量増殖

　カルス由来の再生植物体をカリクローン（caliclone）という．植物の細胞や組織を適当な培地で培養すると，脱分化した不定形の細胞塊（カルス）が形成される．カルスは，不定芽・不定根などの不定器官や不定胚の形成を経て，植物体へと再生される（図7.2）．

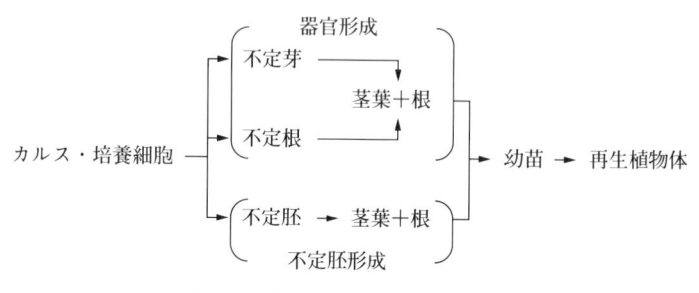

```
                        器官形成
              ┌─  ┌ 不定芽 ─┐         ┐
              │   │         茎葉＋根  │
カルス・培養細胞┤   └ 不定根 ─┘         ├─→ 幼苗 → 再生植物体
              │   ┌ 不定胚 → 茎葉＋根 ┐│
              └─  └                    ┘
                        不定胚形成
```

図7.2　植物体再生の二つの経路

①不定芽・不定根誘導

　不定芽（adventitious shoot）および不定根（adventitious root）の形成は，培地のオーキシンとサイトカイニンの濃度によって制御され，一般に，オーキシンのサイトカイニンに対する割合が低いと不定芽が，高いと不定根が誘導される．

②不定胚誘導

　不定胚（adventitious embryo）は，細胞，組織，器官などから形成されるが，直接的胚形成と間接的胚形成がある．外植体上の一部の単細胞または細胞群から，カルスを経過することなく直接に胚が形成されるものを直接的胚形成という．これに対し，体細胞からカルスを経て不定胚が形成されるものを間接的胚形成と呼ぶ．カルス経由の不定胚は，外植体の置床，高濃度のオーキシンを含む培地でのカルスの培養，および低濃度のオーキシンを含む培地への移植によって得られる．これらの不定胚は体細胞由来であるため，芽および根になる成長点が最初から備わっており，不定胚は球状胚（globular embryo），心臓型胚（heart-shaped embryo），魚雷型胚（torpedo-shaped embryo）の各段階を経て幼芽と幼根を形成する．カルス由来の不定胚は，器官形成の系を経たものよりも遺伝的に安定であり，大量増殖に用いられる．

③ 人工種子（artificial seed）

不定胚などを栄養分と高分子ゲルで包み，最外層をゼラチン等の薄膜で保護してカプセル化したもので，種子と同じ機能を持つ．アルギン酸は，内封物の乾燥を防ぎ，発育・成育を阻害することがなく，かつ土壌中で分解するため，内封物の保護剤として最も使用されている．不定胚の他，芽などの植物体の一部，不定芽，苗条原基などもカプセルに封じ込める．高分子ゲル中には，弱毒ウイルスや有用微生物，成長促進物質や成長抑制物質などを混入することも可能であり，本来の種子にない機能を人工種子に付与することができる．人工種子の特性は，均一な発育ステージのものを遊離した状態で大量に得られることである．そのため，プロトプラストからの直接的な不定胚誘導系の確立が最も重要となる．

(3) ソマクローナル変異と選抜
　　 (Somaclonal variation & selection)

培養によって再生した植物に生じる変異をソマクローナル変異という．この変異を利用して農業上重要な変異体がつくられている．細胞・プロトプラスト培養の過程で生じた突然変異細胞に病原菌の毒素，塩化ナトリウムなどの選抜圧（ストレス）を与え，生き残った細胞から植物体を再生させ，斑点細菌病抵抗性のサトウキビ，萎縮病耐性のトマト，アカカビ病耐性のオオムギ，塩耐性のタバコなどのストレス耐性植物が作出されている．一方，収量や品質に関与する優良な変異体は，細胞レベルでの選抜を行なわず，誘導した再生植物に選抜圧を加えて得られ，この選抜法をソマクローナル変異選抜法と呼ぶ．低温肥大性のメロンは，この方法で得られる．まえもって細胞に放射線，紫外線，変異誘発剤などの化学物質で処理すると変異の範囲が広くなる．

2. 生殖細胞の増殖

(Micropropagation from germ cell)

　生殖細胞には，葯，花粉，胚，胚珠，子房などがあり（図7.3），これらを培養することにより植物体を増殖させることができる．葯および花粉から再生した植物をガメクローン（gameclone）という．これは，gamete（配偶子）とcloneからできた言葉で，核相がnである生殖細胞を無性繁殖で増殖させたものである．

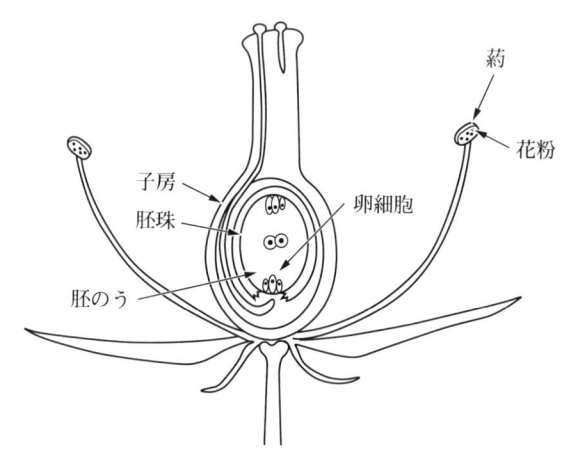

図7.3　被子植物の花の構造

(1) ガメクローンの作出 (Micropropagation of gameclone)

a. 葯培養 (anther culture)

　葯を無菌的に培養すると内部の花粉が分裂し，植物によっては花粉起源の植物体が形成される．葯培養は，目的とする形質に関与する遺伝子を持つ半数体植物（haploid plant）を数多く形成させるために用いられる．半数体は染色体をコルヒチンなどで倍加させることにより遺伝的に同一な固定系統が得られ，大幅に育種年限が短縮できる．また，半数体は人為的に誘発した劣性突然変異が直ちに表現されるので突然変異をすぐに得ることが可能である．そのため育種上有用である．

薬培養による植物体再生の経路には，花粉が分裂し，カルスを経ないで直接不定胚を形成するものと花粉が分裂してカルスを形成し，カルスから不定芽を分化するものがある．前者の代表的な例にタバコなどのナス科植物があり，後者にはイネをはじめとして大多数の植物がこれに属する．また，培養の過程において染色体数の倍加が起こり2倍体が出現したり，カルスを経過する場合では，高次倍数体や異数体が発生することが知られている．培養に用いる薬は，一般的に花粉母細胞期と成熟花粉期を除外して，その中間である四分子期から一核期のステージの花粉が最適であると考えられている．

b．花粉培養（pollen culture）

薬培養は本来，薬内部の花粉の培養が目的であるが，薬の体細胞分裂が抑制できない場合もあり，花粉の単独培養が試みられてきた．低温処理したタバコの薬から花粉粒をしぼり出し，その花粉粒だけを培養して不定胚を誘導し，半数体植物を作出させたことが契機となった．花粉培養法は，操作が比較的容易であり，薬中の小胞子が分裂して半数体の個体をつくるため，短時間に多数の胚を一度に得ることができる．また，胚形成能の高い品種や系統を選抜することによって胚形成の効率がさらに高められる．タバコ，イネ，ムギ，ナタネ，ジャガイモ，ナスなど多くの植物種で半数体が得られている．

（2）胚培養（Embryo culture）

未熟胚あるいは成熟胚を胚珠中から摘出し，培地で培養して個体を得る．通常，植物の種・属間交雑などの遠縁交雑では受精はしても父雑不和合性が起こり，受精後，雑種胚が発育の途中で異常をきたし，退化したり，発芽能力のない異常種子を生じる．このような場合，幼胚を摘出して培養し雑種植物を作出する．しかし，本来なら正常な細胞分裂ができない雑種胚を発育させようとするので，当然得られた雑種植物には次世代の種子が得られないことが多く，その後の繁殖や育種の片親に使えない．

（3）胚珠培養（Ovule culture）

胚を摘出することが困難な場合や胚珠が極めて小さい場合，雑種胚が発育のごく初期に壊死する場合において行なわれる．胚珠培養のなかで最も実用化の進んでいるのは，ユリの仲間で，テッポウユリとスカシユリの雑種胚か

ら育成したピンク色のテッポウユリは，すでに市販されていて人気が高い．

（4）子房培養（Ovary culture）

子房を培養して発芽可能な種子を得るための方法として用いられる．実例としては，トマトやキュウリの未受粉の子房をナフタレン酢酸やその他のオーキシンを添加した培地で培養し，単為結果の果実を得たり，受精した子房を培養して内部の胚発育を助けて雑種種子を得るために利用される．

（5）将来性（Future expectation）

葯培養は育種技術として確かな成果をあげているが，当初に期待されたほど進んでいるとはいえない．その理由は，花粉・葯培養による植物体再生の困難な植物がまだまだ多いということである．今後の方向としては，培養法の改良・簡易化を進ませ再生率を高めることや，本来の半数体作出というだけでなく，その培養過程に生ずるソマクローナル変異の利用が期待される．胚培養では，受精後のなるべく小さな胚の培養を可能にするような培養条件の解明が進められている．胚培養は歴史が古いためオールドバイテクと呼ばれるが，決して過去の技術ではない．より広範囲な交雑組み合わせへの応用，受精を促進させる人為的受精法の開発等を検討することにより，その利用には将来性がある．

3．細胞融合

（Cell fusion）

本来，植物の自然交配および人工交配は，品種間や一部の種間でのみしか起こらない．これは植物の染色体数とその稔性，つまり不和合性によるもので，従来までの交配技術では，品種改良に限界があった．しかし，細胞融合技術の開発によってこれまでの種間雑種のみならず，属間雑種までも可能にした．細胞を融合させる際に，最も重要なことは細胞壁の除去によるプロトプラストの単離である．植物種により異なるが，単離する条件によって植物体再生率に影響がでることがある．一般に活性の高い酵素は細胞への毒性も高いので短時間で大量のプロトプラストを得ることが必ずしも良いとは限らない．したがって，細胞の融合率または植物体再生率まで検討することが望

ましい．また，表皮の最も外側にあるクチクラ層は酵素によって分解されないため，ピンセットなどで表皮を剥ぐか，細かく切断することによって酵素反応を進めやすくする．単離はペクチナーゼとセルラーゼを同時に反応させる一段階法により効率よく短時間で処理することが一般的となっている．

(1) 細胞融合法（Method of cell fusion）

プロトプラストを融合させるには，化学薬品を使用する化学的融合法と，電気パルスを利用する物理的な電気融合法がある．

a. 化学的融合法

融合剤としてポリエチレングリコール（PEG），ポリビニルアルコール（PVA），デキストランなどでプロトプラストを処理し，その後融合剤を希釈することで細胞膜の脂質二重層を部分的に乱し融合させる．PEG 法は，プロトプラストを高濃度の PEG（分子量 1,540〜6,000）溶液で処理すると，プロトプラスト同士で強力な接着が起こり，単一細胞膜に包まれた球状融合体を形成する．その後，洗浄して PEG を希釈していくと，境界線がみえなくなり，両方の原形質が混じり合い細胞が融合する．PEG 法は，種の類縁関係の近遠に関係なく高い融合率を示すが，雑種細胞への薬害残効や染色体の変異をもたらす可能性が高い．現在では，細胞に対する毒性や，融合剤洗浄の簡便化から電気的融合法が最も一般的であるが，化学的融合法も特別な装置を必要としない利点がある．

b. 電気パルス（electrical pulse）法

細胞は細胞膜を破壊された場合，その面積が小さければ修復する機能を持つ．電気融合は細胞膜が負に荷電していることを利用し，電気刺激によって細胞を融合させる方法である．二つの電極間に融合させたいプロトプラストを入れ交流電圧をかけると，パールチェーン（pearl chain）と呼ばれる直鎖状にプロトプラストが配列する．次いで直流電圧を瞬時にかけることで，化学的融合法と同様に細胞膜の脂質二重層を一時的に崩壊し，最後に静置することで細胞膜がもとの安定した状態に戻り，隣接したプロトプラストで融合が起きる．

(2) 融合細胞の選抜法 (Selection after cell fusion)

　融合細胞は，核は融合していないが細胞質のみ混合したヘテロカリオン (heterokaryon) と呼ばれる雑種細胞ができ，その後核の融合が起きる．しかし，融合細胞のなかには同種が融合したホモカリオン (homokaryon) も混交しているため，これらのなかからヘテロカリオンを効率良く選抜する必要がある．融合細胞の同定法には，除草剤や抗生物質を用いる薬剤耐性選抜法，核ゲノムのリボゾームRNA遺伝子をマーカーにする同定法，生物体内における多くの化学反応のなかで同じ反応を触媒する一群の酵素（アイソザイム）を電気泳動によって区別するアイソザイム分析などがある．また，薬剤耐性と磁力を利用した磁力選抜法 (MACS) なども使用されている．一方，同じ細胞間の融合を避けるために，片方の細胞質をヨードアセトアミド (IOA) で処理し不活化したプロトプラスト（再分化能力はあるが，代謝障害により細胞分裂しない）と，再分化能力のないプロトプラストを用いることで，融合した細胞のみ分裂・再分化能を持たせる選抜法がある．

(3) 実用化と将来性 (Utility & Future expectation)

　細胞融合は，単に両方の染色体と細胞質を混合させる体細胞雑種だけでなく，一方の細胞にX線を照射し核を失活させることで，細胞質のみ混合させる細胞質雑種 (cybrid) も可能である．このような融合法を非対称細胞融合 (asymmetric fusion) といい，核と細胞質を置換することにより戻し交配せずに雄性不稔体を短期間で作出するなど，育種の面で応用が期待される．細胞融合技術により品種改良されている植物には，ハクサイとレッドキャベツの融合体であるバイオハクラン，オレンジとカラタチの融合体であるオレタチ，セキチクとビジョナデシコの体細胞雑種などがある．他にも，シューブル（温州ミカンとネーブル），マーブル（マーコットとネーブル），ハクサイとコマツナの雑種などがあり，実用化に近いものもある．

　しかし，融合体から植物が再生しても全てが両形質を全部持ち合わせているとは限らない．細胞融合を一躍有名にした，ジャガイモとトマトの融合植物"ポマト"も植物体自体は中間の形質を示したが，塊茎はイモにまで肥大せず，果実も大きく生育しない．その上，稔性がないため種子も形成されなか

った.また,メロンとカボチャを融合させた"メロチャ"も,アイソザイム解析を行なったところ,順化するに従いカボチャのバンドが消失し,結局はメロンのみの形質を残した.つまり,あまりにも遠縁で細胞融合を行なうと,融合してもどちらか一方の染色体が欠落してしまう.さらに,細胞融合を適用する前提として,プロトプラストからの植物体再生系が必須で,植物の種類によってプロトプラストの収量や融合頻度が異なるなどの問題点はある.

細胞融合は時間の経過とともに,その期待と限界が表面化してきた.現在,遺伝子組み換え技術が主流となりつつあるが,遺伝子組み換えが遺伝子のみの導入に対し,細胞融合は,従来の育種法と同様に一連の遺伝子群,もしくは多形質を導入することが可能である.細胞融合によるゲノムセットの添加,異種間での中間型植物作出などには有効である.今後は,これまでの交配技術や遺伝子組み換え技術との併用により,発展が期待される.

4. 遺伝子組み換え作物

(Transgenic crop)

植物が本来は持っていなかった形質を新たに付与するため,あるいは好ましくない形質を抑制するために遺伝子組み換え技術を用いて外来遺伝子を植物に導入することができる.細胞融合による育種の限界を越え,ウイルス,細菌からヒトの遺伝子までが植物に導入する対象となる.導入された遺伝子

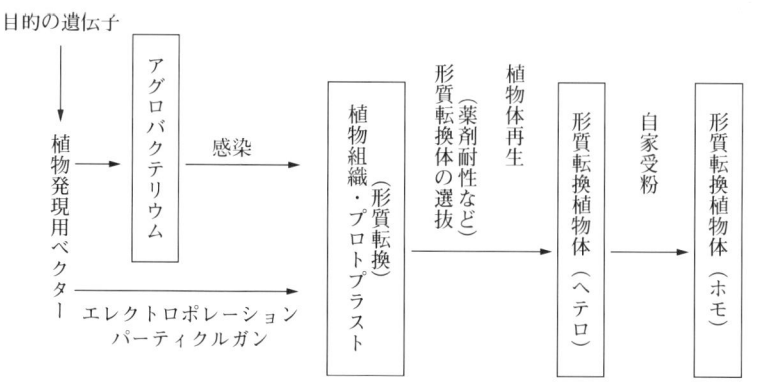

図7.4 遺伝子組み換え作物の作成過程

は植物の染色体 DNA のなかに組み込まれて植物の転写系と翻訳系に従って機能を発揮する．組み換え植物体は，導入する遺伝子の発現系の構築，形質転換と転換体の選抜，形質転換体の再生という過程を経て作出される（図7.4）．ここでは遺伝子組み換え作物を理解するために必要な遺伝子工学の手法を中心に解説する．

(1) 植物における遺伝子発現系の構築
(Construction of gene expression system in plants)

a. プロモーターとターミネーター

組み込まれた遺伝子が植物内で発現するためには，その遺伝子の 5' 上流にプロモーター（promoter）配列が必要である．プロモーターとは RNA ポリメラーゼが結合する DNA 上の特定の配列のことで，下流に配置された遺伝子の mRNA の転写量（発現量）や，発現する器官と時期を規定する重要な因子である．アブラナ科の植物病原ウイルスであるカリフラワーモザイクウイルス（CaMV）由来の 35 S プロモーター配列が最も汎用されているプロモーターである．双子葉植物の他，イネやトウモロコシなどの単子葉植物でも機能し，このプロモーターの下流に組み込まれた遺伝子は植物体全体で構成的かつ大量に発現する．他方，特定の時期あるいは器官での発現を可能にするプロモーターが見いだされている．適切なプロモーターを配置すれば外来遺伝子を効果的に発現できる．光合成に関する酵素リブロース－1,5－二リン酸カルボキシラーゼの小サブユニットは光で誘導され光合成が行なわれている器官でのみ発現する．この発現を司るプロモーターを組み込んだ目的遺伝子をジャガイモの葉のみで特異的に発現することに成功した（大川ら，1996）．ターミネーター（terminator）は，転写しながら進んできた RNA ポリメラーゼが DNA 上から離れるための配列である．発現させたい遺伝子の下流に配置する．植物で働くターミネーターとしてアグロバクテリウム（後述）由来のノパリン合成酵素のターミネーター配列がよく用いられる．

b. アンチセンス遺伝子の利用

植物に備わっている形質を抑制した組み換え植物を作る方法としてアンチセンス（antisense）法が有効である．アンチセンス法では，生産を抑制しよ

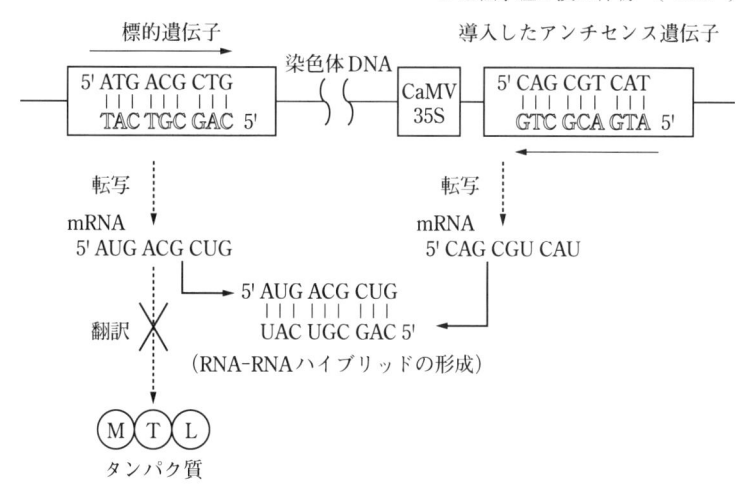

図7.5 アンチセンス法によるタンパク質生合成の阻害

うとするタンパク質の遺伝子（標的遺伝子）を単離し，高発現プロモーターの下流にその遺伝子全長あるいは断片を逆向きに挿入したもの（アンチセンス遺伝子）を植物染色体に組み込む．組み込まれる場所は標的遺伝子の近くである必要はない．DNAの二本鎖のうちでタンパク質のアミノ酸配列をコードしている側をセンス（sense）鎖，その相補鎖をアンチセンス鎖という．標的遺伝子の転写産物は，センス鎖の情報を持ったmRNAである．一方，アンチセンス遺伝子から転写されたmRNAは標的遺伝子のmRNAに対して相補的な配列であり，アンチセンスRNAになっている（図7.5）．標的遺伝子のmRNAはアンチセンスRNAと対合して二本鎖を形成する．対合したmRNAは，もはやタンパク質に翻訳されることはなく，タンパク質の生産は抑制される．これは二本鎖RNAがRNaseによって分解されてしまうためと予想されるが，詳細は不明である．

c．導入する外来遺伝子

　植物に導入した外来遺伝子が機能するためには，その遺伝子構造が宿主である植物のマナーに沿っていることが条件となる．

　導入した遺伝子の発現が確認されても産物であるタンパク質が生産されな

い場合がある．いくつかの原因が考えられる．

　タンパク質をコードする塩基配列の 5' 側の非翻訳領域はタンパク質の翻訳量に影響する．植物細胞で大量に発現する遺伝子，例えば $\beta 1,3$ -グルカナーゼの mRNA 由来の 5' 上流配列をつなげると発現量が向上するという（石田ら，1992）．導入した外来遺伝子と植物の遺伝子翻訳系の不整合も一因となる．遺伝子配列では三つの塩基配列の組み合わせ（コドン：codon）が 20 種類のアミノ酸に対応する．メチオニンは一種類のコドンが対応するが，ロイシンでは 6 種類のコドンが対応している．一つのアミノ酸を指定する複数のコドンの出現頻度（codon frequencies）は生物間で均一ではなく，かたよりがある．この「方言」が植物に分類上離れた生物の遺伝子を導入した際にタンパク質の翻訳を妨げる．十分なタンパク質の発現がみられない時には，導入する遺伝子の配列を宿主植物で使用頻度の高いコドンに変更するのも一計である．

　導入した遺伝子から生産されたタンパク質は，植物に特有の翻訳後修飾（posttranslational modification）を受ける．糖鎖付加コンセンサス配列（Asn-X-Thr あるいは Ser，X は任意のアミノ酸）がタンパク質上に存在する場合には，アスパラギン結合型糖鎖が翻訳後のタンパク質に付加される．細菌は糖タンパク質を生産しないので，細菌由来の酵素遺伝子を植物に導入した際に，糖鎖の付加により立体構造が変化し，酵素活性に影響する可能性がある．また，植物糖鎖特有の $\alpha 1,3$ -Fucose や $\beta 1,2$ -Xylose を含む構造がヒトのアレルゲンになるという報告がある（Lerouge ら，1998）．形質転換作物の利用目的によってはその影響が懸念される．

d．薬剤耐性遺伝子

　形質転換体と非形質転換体を区別する選択マーカーとして，抗生物質耐性を付与する酵素をコードする遺伝子が導入遺伝子のセットとともに植物に導入される．この目的で汎用されるのはネオマイシンホスホトランスフェラーゼ（neomycin phosphotransferase，NPT II）とハイグロマイシン B ホスホトランスフェラーゼ（hygromycin B phosphotransferase，HPT）の遺伝子である．前者はカナマイシン耐性を，後者はハイグロマイシン耐性を形質転換植

物に与える酵素である．カナマイシンに抵抗性を示すイネの形質転換では，選択マーカーとしてHPTを使用する．

（2） 形質転換と転換体の選抜
（Transformation and selection of transformants）

外来遺伝子を植物細胞に導入する方法は，アグロバクテリウム（*Agrobacterium tumefaciens*）の感染機構を利用して植物染色体に遺伝子を組み込む方法（間接導入法）と物理的に細胞に遺伝子を注入する方法（直接導入法）がある．

a．アグロバクテリウムを介した遺伝子の導入法（間接導入法）

アグロバクテリウムは，植物への感染性を有するグラム陰性好気性桿菌で，染色体DNA以外にTi-プラスミドという約20万塩基対の環状二本鎖DNAを菌体内に持っている．アグロバクテリウムは植物に感染する際にTi-プラスミド上のT-DNAと呼ばれる領域を切り出して，植物の染色体DNAに取り込ませる機能を持っている．T-DNA領域はボーダー配列という25塩基対の繰り返し配列に挟まれた領域で，アグロバクテリウムの栄養になるアルギニン誘導体の合成酵素（ノパリン合成酵素）やオーキシン，サイトカイニンの合成酵素がコードされている．T-DNAで形質転換された植物細胞はこれらの遺伝子の発現の結果，クラウンゴールという不定形の細胞

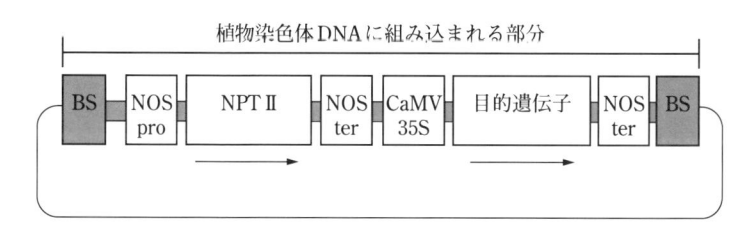

図7.6　バイナリーベクターの構造
BS：ボーダー配列
NOS pro：ノパリン合成酵素遺伝子のプロモーター
NPT II：ネオマイシンホスホトランスフェラーゼ遺伝子
NOS ter：ノパリン合成酵素遺伝子のターミネータ
CaMV 35 S：カリフラワーモザイクウイルスの35 Sプロモーター
矢印は遺伝子の転写方向を示す．

塊を形成する．間接導入法は，アグロバクテリウムの形質転換能力を利用し，外来遺伝子を植物に導入する方法である．大腸菌とアグロバクテリウムの二つの宿主で増殖可能なバイナリー・ベクター（binary vector）と改変されたアグロバクテリウム株が遺伝子工学用に考案されている．図7.6にバイナリーベクターの概略を示した．目的の遺伝子を挿入したバイナリーベクターは大腸菌でクローニング後，接合によってアグロバクテリウムに受け渡される．このアグロバクテリウム菌液に，植物の組織片を浸すと傷口からアグロバクテリウムが侵入する．感染後，アグロバクテリウム内のバイナリーベクターからボーダー配列に挟まれた領域が切り出され，植物の染色体DNAに挿入される．この挿入位置はランダムである．植物組織片は，選択用抗生物質（例えばカナマイシン）の入った培地に置床し，形質転換体を薬剤耐性により選択する．

本法では，アグロバクテリウムの感染の成立が遺伝子導入の前提になる．アグロバクテリウムの宿主は本来，双子葉と一部の単子葉植物（ユリ科）に限られるため，導入植物に制限があった．現在では，アグロバクテリウムを用いてイネを形質転換する改良法が確立されている（横井ら，1996）．

b．直接導入法

本法はエレクトロポレーション（electroporation）とパーティクルガン法（particle gun method）が主流である．前者は植物プロトプラストに電気パルスにより細胞膜に穴を開け，細胞内に遺伝子を導入する．形質転換の対象になる植物はプロトプラストが調製可能で，導入後に植物体を再生できることが条件である．後者は遺伝子を付着させた微小金粒子を高速で植物細胞に撃ち込んで遺伝子を細胞内に導入する．細胞内に入った遺伝子はやがて核内に移行し，染色体DNAに組み込まれる．遺伝子を導入する植物体や培養条件にもよるが，形質転換効率は一般に低いようである（島田，1994）．材料は植物体組織片でもカルスでも良い．アグロバクテリウムを用いた導入法と異なり，材料を選ばない利点がある．大腸菌でのクローニング用プラスミドに植物発現用プロモーター，ターミネーターと薬剤耐性遺伝子および目的の遺伝子をつなげたベクターが導入に用いられる．

(3) 形質転換体の再生（Regeneration of transgenic plant）

抗生物質の入った選択培地上では形質転換された細胞のみが耐性を発揮し，カルスになる．このカルスから不定芽を誘導して植物体を得る．このようにして得られた植物体は，導入した遺伝子についてヘテロであり，自家受粉を繰り返してホモである個体を選抜する．

(4) 遺伝子組み換え植物作出の問題点
　　　（The problems of transgenic plant）

形質転換植物の作出では，形質転換体と非形質転換体の選抜が重要なステップである．選抜用マーカーとして目的遺伝子とともに導入された薬剤耐性遺伝子は形質転換植物の染色体上に組み込まれたまま存在する．本来は限られた微生物のみが所有していた抗生物質耐性遺伝子とその産物が，遺伝子組み換え作物が栽培された時に野外に曝されることになり，耐性遺伝子の拡散を懸念する声があがっている．遺伝子組み換え作物の安全性については次項で言及するが，薬剤耐性遺伝子などの選択マーカー遺伝子を組み換え植物から取り除くことは可能である．パーティクルガン法では，薬剤耐性遺伝子と目的の遺伝子を別のベクターに挿入したうえで同時に植物体に導入し，二つの遺伝子が組み込まれた細胞を得ることが可能である．この場合，薬剤耐性遺伝子と目的遺伝子はそれぞれ離れた位置に組み込まれるので形質転換体を薬剤耐性で分離した後に自家受粉を繰り返せば，目的遺伝子の形質と薬剤耐性を分離することができる（鯵坂ら，1995）．形質転換後に選択マーカーを取り除くことを可能にしたベクターも考案されている．このベクターはトランスポゾンが内部に組み込まれており，植物に導入し形質転換体を選別した後にトランスポゾンの働きで選択マーカーが取り除かれるように設計されている（Ebinumaら，1997）．

5．遺伝子組み換え作物と安全性

（Transgenetic crop & Biosafety）

遺伝子組み換え技術は，従来の交雑育種では導入することが不可能，あるいは困難であった形質についても，その一部を導入可能にした．しかし，生

第7章 植物資源と遺伝子工学

表7.2 海外で栽培・商品化されている主な組み換え農作物

農作物	開発国（開発企業）	商品化した年	備考
日持ちのよいトマト	アメリカ（Calgene 社）	1994	日本でも安全性評価終了
高ペクチン含有トマト	アメリカ（Zeneca 社）	1995	商品化はイギリス
除草剤の影響を受けないダイズ	アメリカ（Monsanto 社）	1995	日本でも安全性評価終了
オレイン酸高生産性ダイズ	アメリカ（Dupont 社）	1995	日本でも安全性評価実施
除草剤の影響を受けないトウモロコシ	アメリカ（Dekalb 社）	1996	日本でも安全性評価実施
除草剤の影響を受けないトウモロコシ	アメリカ（AgrEvo 社）	1996	日本でも安全性評価終了
害虫（ガの仲間）に強いトウモロコシ	アメリカ（NorthrupKing 社）	1996	日本でも安全性評価終了
害虫（ガの仲間）に強いトウモロコシ	アメリカ（Ciba Seeds 社）	1996	日本でも安全性評価終了
害虫（ガの仲間）に強いトウモロコシ	アメリカ（Monsanto 社）	1996	日本でも安全性評価終了
害虫（甲虫類）に強いジャガイモ	アメリカ（Monsanto 社）	1995	日本でも安全性評価終了
除草剤の影響を受けないナタネ	カナダ（Monsanto 社）	1995	日本でも安全性評価終了
除草剤の影響を受けないナタネ	カナダ（AgrEvo 社）	1995	日本でも安全性評価終了
除草剤の影響を受けないナタネ	カナダ（Plant Genetic Systems 社）	1996	日本でも安全性評価終了
ラウリン酸高生産性ナタネ	アメリカ（Calgene 社）	1995	日本でも安全性評価終了
除草剤の影響を受けないワタ	アメリカ（Calgene 社）	1996	日本でも安全性評価終了
除草剤の影響を受けないワタ	アメリカ（Monsanto 社）	1996	オーストラリアでも栽培
害虫（ガの仲間）に強いワタ	アメリカ（Monsanto 社）	1996	日本でも安全性評価終了
色変わりカーネーション	オーストラリア（Florigene 社）	1996	日本でも商品化
ウイルス病に強いスクワッシュ	アメリカ（Asgrow 社）	1995	2種類のウイルスに強い
ウイルス病に強いパパイヤ	アメリカ（ハワイ大学）（コーネル大学）	1997	日本でも安全性評価実施

合計 20 件

1999年7月農林水産省資料による

* 備考に国名等が記入されていない組み換え農作物は開発国で商品化している.
注）ラウリン酸：ヤシ油，パーム油等に含まれる成分，石鹸や化粧品，チョコレート等の原料になる油．
　スクワッシュ：カボチャの一種．
　甲虫類：コガネムシの仲間．
　ペクチン：トマトなどの果実に含まれる果肉をしっかりさせる成分．

物から取り出した遺伝子を，別の生物に導入するという組み換え技術は，当初から予期できない毒性物質の産生，生態系に及ぼす悪影響などが否定できないため，組み換え農作物あるいはそれらを利用した食品が消費者に"危険"というイメージを植え付けた．農林水産省の資料（1999. 7）によると，海外で栽培・商品化されている組み換え農作物は合計20件（表7.2）で，そのうち日本においても安全性評価の終了したものが13件ある．さらに，現在，海外で安全評価が終了した農作物もあり，これらの農作物は，将来輸入が許可される可能性がある．国内においても，これまでに研究・開発された組み換え作物は，耐虫性のトウモロコシ，除草剤耐性のダイズやナタネなどが，すでに食品としての認可を受けている．さらにまた，今後，国外および国内で，特定のアミノ酸を合成する遺伝子を宿主農作物のゲノム中に組み込んで品質を改善するような作物の開発が予想される．

さて，このように次々と開発されていく組み換え作物に対し，一体どんな安全対策が施されているのであろうか．最近の状況から検討してみたい．アメリカのカルジーン社によって1994年に開発されたポリガラクチュロナーゼアンチセンス遺伝子を導入し，日持ちを良くした"フレーバーセイバー"トマトは，遺伝子組み換え作物が食品として実用化された第1号である．これは，成熟した果実に特異的に合成される酵素ポリガラクチュロナーゼ（PG）の発現を押さえるため，アグロバクテリウムを用いてPGのアンチセンス配列をトマトに導入したものである．このトマトには，選抜マーカーとして抗生物質カナマイシンへの耐性を付与するネオマイシンホスホトランスフェラーゼ遺伝子（NPT II）が使われているため，安全性確認の膨大な実験とデータが要求された．カルジーン社は3年半にわたる実験で，動物で毒性反応がないこと，NPT IIタンパク質が人工胃液および人工腸液で急速に分解され，10分以内にその酵素活性が失活すること，さらにNPT IIタンパク質のトマト果実での発現量は，$1.75\ \mu g/g$以下であり，カナマイシンまたはネオマイシンの経口投与治療の効力を損なわないとのデータをアメリカ食品医療品局（FDA）に提出し，商品化が認可されたと報告されている．アメリカにおける遺伝子組み換え食品の安全性評価は，1992年から経済協力開発機

表7.3 食品としての安全性が厚生省により確認された組み換え植物

組み換え植物 (品種・系統名)	開発者 (隔離圃場申請者)	特徴 (導入遺伝子)	厚生省による確認年
ダイズ (40-3-2)	日本モンサント(株) (農業環境技術研究所)	除草剤の影響を受けない (グリホサート耐性遺伝子)	1996
ナタネ (GT73)	日本モンサント(株) (農業環境技術研究所)	除草剤の影響を受けない (グリホサート耐性遺伝子 およびグリホサート分解酵素遺伝子)	1996
トマト	キリンビール(株)	日持ち性の改良 (ポリガラクチュロナーゼ遺伝子の アンチセンス側)	1997
ナタネ (HCN 92)	ヘキスト・シェーリング・ アグレボ(株) (北海道農業試験場)	除草剤の影響を受けない (グルホシネート耐性遺伝子)	1996
ナタネ (PGS 1)	プラント・ジェネティック・ システムズ社 (北海道農業試験場)	除草剤の影響を受けない,雄性不稔 (グルホシネート耐性遺伝子,花粉生産 阻害遺伝子)	1996
ナタネ (PHY 14) (PHY 35)	プラント・ジェネティック・ システムズ社 (北海道農業試験場)	除草剤の影響を受けない,雄性不稔 (グルホシネート耐性遺伝子,花粉生産 阻害遺伝子)	1997
ナタネ (T 45)	ヘキスト・シェーリング・ アグレボ(株) (北海道農業試験場)	除草剤の影響を受けない (グルホシネート耐性遺伝子)	1997
トウモロコシ (T 14) (T 25)	ヘキスト・シェーリング・ アグレボ(株) (北海道農業試験場)	除草剤の影響を受けない (グルホシネート耐性遺伝子)	1997
トウモロコシ (MON 810)	日本モンサント(株) (農業環境技術研究所)	害虫(ガの仲間)に強い (Bt産生殺虫タンパク質遺伝子)	1997
トウモロコシ (Bt 11)	ノースラップキング社 (農業環境技術研究所)	害虫(ガの仲間)に強い (Bt産生殺虫タンパク質遺伝子)	1996
トウモロコシ (Event 176)	チバシード社 (農業環境技術研究所)	害虫(ガの仲間)に強い (Bt産生殺虫タンパク質遺伝子)	1996
ナタネ (PGS 2)	プラント・ジェネティック・ システムズ社 (北海道農業試験場)	除草剤の影響を受けない,雄性不稔 および稔性回復 (グルホシネート耐性遺伝子,花粉 生産阻害遺伝子および稔性回復遺伝子)	1997

表 7.3 食品としての安全性が厚生省により確認された組み換え植物（つづき）

組み換え植物 (品種・系統名)	開発者 (隔離圃場申請者)	特徴 (導入遺伝子)	厚生省による確認年
ナタネ (PHY 36)	プラント・ジェネティック・システムズ社	除草剤の影響を受けない，雄性不稔および稔性回復 (グルホシネート耐性遺伝子，花粉生産阻害遺伝子および稔性回復遺伝子)	1997
ジャガイモ (BT 6) (BT 10) (BT 12) (BT 16) (BT 17) (BT 18) (BT 23)	日本モンサント（株）	害虫（甲虫類）に強い (Bt 産生殺虫タンパク質遺伝子)	1996
ジャガイモ (SPBT 02-05) (SPBT 02-07) (ATBT 04-06) (ATBT 04-30) (ATBT 04-31) (ATBT 04-36)	日本モンサント（株）	害虫（甲虫類）に強い (Bt 産生殺虫タンパク質遺伝子)	1997
ナタネ (MS 8 RF 3)	アグレボ・ジャパン（株） (農業環境技術研究所)	除草剤の影響を受けない，雄性不稔および稔性回復 (グルホシネート耐性遺伝子，花粉生産阻害遺伝子および稔性回復遺伝子)	1997
ナタネ (HCN 10)	ヘキスト・シェーリング・アグレボ（株）	除草剤の影響を受けない (グルホシネート耐性遺伝子)	
ナタネ (MS 8)	アグレボ・ジャパン（株） (野菜・茶業試験場)	除草剤の影響を受けない，雄性不稔 (グルホシネート耐性遺伝子，雄性不稔遺伝子)	1998
ナタネ (RF 3)	アグレボ・ジャパン（株） (野菜・茶業試験場)	除草剤の影響を受けない，稔性回復 (グルホシネート耐性遺伝子，稔性回復遺伝子)	1998

1999 年 7 月農林水産省資料に基づいて作表

構「OECD」によって打ち出された「新たに導入された形質について，その特質が十分に把握され，また導入による二次的影響などを含めて，その元の食品と比べて無害であるという十分な理由がある場合には，元の食品に対して実質的同等性を有する」という概念に基づいてなされている．また食品の安全性は作られた過程は問わず，できた製品だけを対象とすることが原則になっている．日本の場合も厚生省の諮問機関である食品衛生調査会がこのガイドラインに沿って安全性評価指針を定め，この指針に基づき開発企業から提出された申請書を書類審査している．現在までに，32品種が厚生省によって安全性が確認されている（表7.3）．ちなみに，組み換えトマトの食品としての安全性は，ソラニン，チャコニン，トマチンなどのグルコアルカロイドの変動，グルコース，フラクトース，スクロースなどの糖類の変動，クエン酸，リンゴ酸などの有機酸含量の変動および二次代謝産物としてのポリフェノール類の変動を，市販の栽培種トマトと比較し，同じレベルであると一色（1995）が報告している．

　一方，日本での生態系への安全性については，遺伝子組み換え作物の安全性評価のための実験指針が定められており，科学技術庁の「組み換えDNA実験指針」（科学技術庁1992）に従った閉鎖系実験，非閉鎖系実験，さらに農林水産省の「農林水産分野等における組み換え体の利用のための指針」（農林水産省1992）に従った模擬的環境での実験を行なわなければならない．これらすべての安全性評価結果に基づいて安全性が確認されると，一般品種と同様に，一般圃場での栽培が可能になる．原田ら（1998）は，ポリガラクチュロナーゼのアンチセンス遺伝子を導入した遺伝子組み換えトマトを作出し，組み換えトマトの特性と生態系に対する影響について上記の実験指針に従って検討した．その結果，組み換えトマトが，新たな有害物質を産生して他の作物に悪影響を与えないこと，また土壌微生物への影響がなかったことを非組み換えトマトと比較して報告している．しかし，現在，この組み換えトマトは，日本の市場には出されていない．社会的認知の観点から受け入れられなかった結果といえよう．1999年夏，北米では新聞の第1面および社会面に組み換え食品の安全性についての論議が大きく掲載された．その1カ

月後，日本の新聞でも遺伝子組み換え食品の安全性についてのシンポジウムでの講演および問題提議内容が報道された．問題になっていたのは，おもに，特定の害虫だけを殺すタンパク質（Btタンパク質）の毒性，組み換え食品によるアレルギー性，そして組み換え食品の表示であった．

　除草剤耐性，耐病性，耐虫性などを示す遺伝子は，栽培作物にとっては有利な性質であっても，食品としての安全性が懸念される．害虫抵抗性農作物は，*Bacillus thuringiensis*というバクテリアが産出するBtタンパク質の遺伝子を導入したものである．Bt-kurstaki由来のBt-タンパク質は，トウモロコシのアワノメイガなどの鱗翅目の昆虫に，Bt-tenebrionis由来のBt-タンパク質は，ジャガイモのコロラドハムシなどの鞘翅目の昆虫に特異的に毒性を示すこと，また，Bt-遺伝子から生産されるタンパク質は主に緑色組織で発現することが明らかにされている．Btの産出する結晶タンパク質は，昆虫の消化液のアルカリ性に反応して部分的分解を受け，このペプチドが，昆虫中腸の上皮細胞にある特定の受容体に結合して反応すると消化管に穴があき，昆虫は消化不良で死に至る．これに対し，人間などの哺乳類の胃は強酸性のため，Bt-タンパク質は，ほぼ完全にアミノ酸に分解され，害がないとされている．最近，葉緑体を構成する遺伝子ルビスコSプロモーターに除草剤耐性のbar遺伝子をつなぎ，葉緑体のみで発現するB107ベクターを用いて育成した組み換えジャガイモは，除草剤耐性の遺伝子が茎葉のみで発現し，食用となる塊茎では，全く発現しないことを認めている（大川ら，1996）．その外，プラスミドDNAを選抜するために使用する抗生物質耐性などのマーカー遺伝子についても目的を達した後に取り除く研究（Ebinumaら，1997：Dale & Ow，1991：Blockら，1991）が進められており，遺伝子組み換え作物の食品としての安全性が真剣に究明されている．

　害虫耐性や除草剤耐性の組み換え作物の環境への影響は，これらの組み換え作物を使用することによって殺虫剤や除草剤の利用量を減少させる利点はあるが，標的以外の昆虫や植物に害や耐性を生ずることも実際に認められている．今後の課題として，組み換え作物を使用する場合も農薬と同様に法的基準を定める必要性があろう．組み換え作物を利用した食品に対する表示

は，農水省が2001年から表示の義務づけを実施するとのことである．表示することによって，消費者に選択性を持たせることができる．そのためには，組み換え食品ごとに厳密なデータを出し，それらのデータに基づいて誰にでもわかるような形式で表示すべきである．また，実質的に同等性の証明が困難な生産物に対する指針・評価法も再検討されなければならない．特に，毒性試験には，急性毒性だけでなく，慢性毒性についても検討されなければならない．現段階では，組み換え食品に対する動物実験では，動物に目的の食品を多量投与するため，栄養障害を起こし，その影響により安全性の評価が若干困難であるとされている（豊田，1996）．また，発現タンパク質については，ヒトでのアレルギー評価の代替としての動物実験による評価法の確立が急がれている．これらのことは，組み換え作物の社会的認知の観点からも今後重要視されるであろう．加えて，組み換え作物の歴史は，世界的にも15年位しか経ておらず，「安全で，本当に優れた遺伝子組み換え作物」の作出が，植物資源の拡大として重要であることを社会的に容認してもらうためには，粘り強い努力が必要である．

参考文献

Abelson P. H., Hines A. J. 1999. The plant revolution, Science, 285. p. 367～368.

鯵坂秀敏・丸田嘉幸 1995. アンチセンスグルテリン遺伝子組換えイネの作出，組織培養，21. p. 325～329.

石田　功・三沢典彦 1992. 細胞工学実験操作入門 p. 119, 講談社 サイエンティフィク.

池上正人 1997. 植物バイオテクノロジー p. 173, 理工書店.

一色賢司 1995. 遺伝子組換えトマトの食品としての安全性評価の試み 組織培養, 21. p. 306～309.

Wilkinson j. Q. : Bioteck plants : From lab bench to supermarket shelf, Foodtechnology, 51. p. 37～42.

魚住武司・児玉　徹 編 1993. 植物工学 p. 260. 丸善株式会社.

Ebinuma H et al. 1997. Selection of marker – free transgenic plants using the isopentenyl transferase gene, Proc. Natl. Acad. Sci. USA. 94, p. 2117～2121.

大川安信 ら 1996. 器官特異的発現プロモーターを用いたバレイショ形質転換体の作出 育雑, 46. p. 244.

大澤勝次 1994. 植物バイテクの基礎知識 p. 250. 農文協.

大澤勝次：遺伝子組換え作物の安全性について 植調, 32. p. 124～134.

科学技術庁 1992. 組換え DNA 実験指針 科学技術庁. p. 1～245.

加藤順子 1995. 組換え植物の安全性評価の動向 組織培養, 21. p. 314～319.

佐原康之 1998. 遺伝子組換え食品の安全性評価について 食品工業. p. 33～39.

島田多喜子 1994. パーティクルガンによるコムギ形質転換の現状と課題 組織培養, 20. p. 328～333.

鈴木隆雄 監修 1998. バイオテクノロジーへの基礎実験 (初版第 4 刷), 三共出版. p. 215.

Serageldin I. 1999. Biotechnology and food security in the 21st century, Sci, 285. p. 387～389.

竹内正幸 他 編 1983. 植物組織培養の技術 朝倉書店. p. 256.

Dale E. C., Ow D. W. 1991. Gene transfer with subsequent removal of the selection gene from the host genome, Proc. Natl. Acad. Sci. USA, 88. p. 10558～10562.

戸谷 亨 1995. バイオテクノロジーのパブリックアクセプタンスの促進について 組織培養. 21. p. 310～313.

豊田正武 1996. バイオテクノロジー応用食品の現状とその安全性評価：主に組換え作物について 食衛誌. 37. p. 247～259.

西尾 剛 1990. 野菜の組織・細胞培養と育種 農業図書. p. 189～210.

西澤洋子・鈴木 匡・日比忠明 1999. 病害抵抗性トランスジェニック植物の開発はどこまで進んだか (上) 化学と生物 37. p. 295～305.

西澤洋子・鈴木 匡・日比忠明 1999. 病害抵抗性トランスジェニック植物の開発はどこまで進んだか (下) 化学と生物 37. p. 385～392.

農林水産省 1992. 農林水産分野における組換え体利用のための指針 農林水産省. p. 1～67.

農林水産省先端産業技術研究課 1999. 7. 農林水産・食品バイオテクノロジーをめぐる最近の動向と農林水産省の主な施策.

林　健一 1998. 安全評価に関する国際的概念の展開　食品工業．p. 27～32.

原田　聰ら 1998. ポリガラクチュロナーゼのアンチセンス遺伝子を導入した遺伝子組換えトマトの生態系に対する安全性評価　育雑．48. p. 207～212.

Parida A., Ram N., Lakshmi M 1997. Biosafety concerns in biotechnology, Current Sci. 73. p. 491～492.

樋口春三 監修 1988. 植物組織培養の世界　柴田ハリオ硝子(株). p. 351.

日野明寛 1998. 遺伝子組換え農作物の開発をめぐる諸情勢　食品工業，p. 16～26.

Block M. de., Gent B., Debrouwer D. 1991. Two T – DNA's co – transformed into *Brassica napus* by a double *Agrobacterium tumefaciens* infection are mainly integrated at the same locus, Theor. Appl. Genet, 82. p. 257～263.

Hoban T. J., Katic L. D. 1998. American Consumer Views on Biotechnology, Feature, 43. p. 20～22.

広島大学大学院分子生命機能科学専攻 編 1999. バイオテクノロジー講義　p. 156. 朝倉書店.

藤目幸擴 編 1996. バイオが開く人類の夢　p. 185. 法律文化社.

山根清一郎：モンサント社の組換え作物の開発　組織培養．21. p. 320～324.

山根清一郎 1998. 組換え DNA 作物の現状　食品工業．p. 27～35.

横井修司・鳥山欽哉 1996. 形質転換植物の作出法・アグロバクテリウムによる方法, モデル植物の実験プロトコール　秀潤社．p. 93～98.

Lerouge P. et al. 1998. N – Glycoprotein biosynthesis in plants : recent developments and future trends, Plant Mol, Biol. 38. p. 31～34.

第8章　植物資源生産と環境保全との調和

　大量生産，大量消費，大量廃棄の組み合わせは，自然資源の世紀をまたがる持続的活用や未来の人々の使う権利の平等性からみて，強く戒めしめなければならない．特に，1億以上の人口を有する日本，朝鮮半島（1億未満），中国，ロシアは日本海周辺地域に存在し，そのため天然資源の消費やそれにともなって生ずるごみの廃棄も大問題になっている．日本などは，世界人口の2％しか占めていないのに，世界の資源の12％も消費するという．この様な観点から，自然資源を最大限に活用することならびに大気中の二酸化炭素を増加させないことなどのため，廃物ゼロ生産（ゼロエミッション）という概念を資源循環システムに導入することの重要性が提言されている．

　本章では，植物資源の生産の基本となる肥料資源に焦点をあて，農業の生産場面でのゼロエミッションに寄与すべく方策について概説し，環境保全型農業の方向性を見い出すことにしたい．

1．肥料資源のリサイクル

（1）肥料の生産と消費

　表8.1に示される通り，1997年度のわが国の耕地面積は田と畑を合わせて4,949千haであり，1991年度に比べると約5％減少している．これらの耕地から生産物を得るため，1995年度では窒素肥料の528千t，リン酸肥料の631千tならびにカリ肥料の482千tがそれぞれ消費されている（表8.2）．これら肥料のうち，国内生産では窒素肥料のみが消費量に比べて生産量が上回るが，リン酸とカリ肥料は逆の傾向を示した．当然のことながら，不足するリン酸肥料やカリ肥料は，外国からの輸入に頼らねばならない．特に，人口密度の高いアジア地域における消費量は，世界のそれに対比して窒素肥料で57.0％，リン酸肥料で52.7％，カリ肥料で32.7％も占めている．

　さらに，表8.1と表8.2を基に，1995年度のha当たりの施肥量を試算すると，窒素で104.8 kg，リン125.2 kg，カリ95.7 kgとなった．一般に，イ

第8章 植物資源生産と環境保全との調和

表 8.1 田畑別耕地面積

区分 年度	田畑合計 (1,000 ha)	田 (1,000 ha)			畑 (1,000 ha)			
		小計	普通畑	特殊田	小計	普通畑	樹園地	牧草地
1991	5,204	2,825	2,818	6.6	2,380	1,266	464.4	649.3
1992	5,165	2,802	2,796	6.5	2,362	1,254	451.4	657.1
1993	5,124	2,782	2,775	6.3	2,343	1,243	439.1	660.7
1994	5,083	2,764	2,758	6.6	2,318	1,234	422.6	661.4
1995	5,038	2,745	2,739	5.9	2,293	1,225	407.6	660.7
1996	4,994	2,724	2,719	5.8	2,269	1,219	392.4	658.1
1997	4,949	2,701	2,696	5.6	2,248	1,214	379.9	654.0

資料:農林水産省「耕地及び作付面積統計」各年8月1日現在
(注) 特殊田とは,水稲以外のたん水を必要とする作物の栽培を常態とする田をいう.
　　樹園地とは,木本性永年作物を1a以上集団的に栽培する畑(ホップ園等を含む)をいう.
(1998,ポケット肥料要覧より引用)

表 8.2 世界と日本における肥料の生産および消費量(1995年度)

地域	窒素肥料 (1,000 Nt)		リン酸肥料 (1,000 P_2O_5 t)		カリ肥料 (1,000 K_2O t)	
	生産	消費	生産	消費	生産	消費
世界	86,744	78,736	33,802	31,018	22,692	21,110
アジア	39,849	44,869	11,811	16,367	2,509	6,913
日本	869	528	307	631	−	482
(アジアに対比%)	(2.2)	(1.2)	(2.6)	(3.9)	(−)	(7.0)

注) −は不明　　　　　　　　　　　　　　　　(1998,ポケット肥料要覧より作成)

ネ,コムギ,ダイズ,カンショ,バレイショなどは,施肥量に対し吸収量が上回る場合もあり,極めて施肥効率の高い作物といえる(表8.3).しかし,チャのように,窒素,リン酸,カリとも施肥量に対し吸収量が著しく低くなる作物もある.また,野菜のように,カリの吸収量が高いが,リン酸の吸収量が極めて低くなる特色を持つ作物もある.

　これらの結果が示すように,わが国の耕地から生産物を得るための肥料資材は,化学肥料でほぼ充足できると判断される.しかし,自給率(カロリーベース)が40%を割る現状では外国からの輸入食糧や飼料などが残さや家

表 8.3 主要作物の施肥量と吸収量

作物名	窒素 (kg/10 a) 施肥量	吸収量	リン酸 (kg/10 a) 施肥量	吸収量	カリ (kg/10 a) 施肥量	吸収量
イネ	5〜12	12.0	10	4.5	10	9.8
コムギ	10	9.6	8	3.8	10	7.7
ダイズ	2	12.3	8	1.4	8	6.4
カンショ	3	8.6	8	2.4	10	13.6
バレイショ	8	15.0	20	6.3	12	21.6
チャ	60	10.6	30	1.6	30	4.5
ホウレンソウ	20〜25	8.0	10〜15	1.95	10〜25	10.3
ハクサイ	20〜30	19.2	15〜20	6.72	20〜30	22.1
ニンジン	20〜25	12.3	15〜30	5.1	18〜20	30.9
トマト	30〜40	21.6	20〜30	5.6	30〜35	40.8
キュウリ	40〜45	19.7	25〜40	7.4	35〜40	32.8

(関矢, 1990 のデータから作成)

畜ふんとして残り,これらの肥料成分が過剰となり環境負荷の一因になることになる.

(2) 窒素の循環

図 8.1 には,食糧供給システムにおける 1960 年から 1992 年にかけての窒素の循環について示した.人間の生存のためには食糧の消費が大前提となるが,この食糧は国産食糧と輸入食糧(家畜の飼料を含む)とに依存する.我々は日常の消費行動を通し,1992 年度では作物残さ,家畜ふん尿,し尿,生ごみ,汚泥などに由来する窒素の 176 万 t を系外へ,すなわち環境へ排出した.この排出窒素は,再び一部は農業生産に利用されるものの,総窒素量としては投入される化学肥料に由来する窒素の約 3 倍にも達することになる.すなわち,極論をいえばわが国の農業生産の場面には,石油を消費して作る化学肥料が不用ということになる.

同様に 1999 年度における農林水産省の「生物系廃棄物のリサイクルの現状と課題」についてみれば,わが国の生物系廃棄物の発生量は約 28,143 万 t と推定され,総廃棄物の約 60 % に相当するという.これらを肥料資源として評価した場合,1996 年度に消費された化学肥料の成分ベースに対し窒素

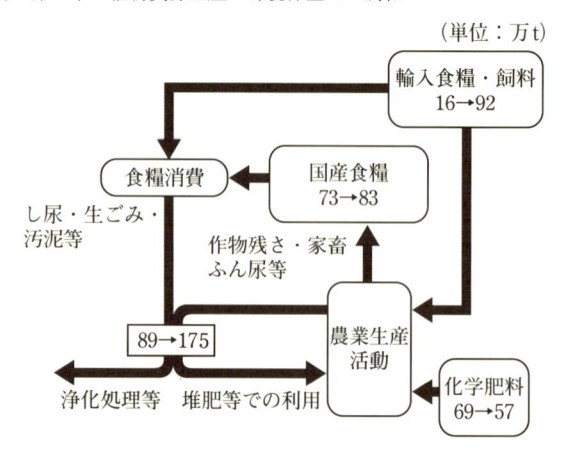

第8章 植物資源生産と環境保全との調和

(単位：万t)

```
                                    ┌─────────────┐
                                    │ 輸入食糧・飼料│
                                    │  16→92      │
                                    └─────────────┘
                                          │
          ┌──────────┐   ┌──────────┐    │
          │ 食糧消費 │ ← │ 国産食糧 │    │
          └──────────┘   │  73→83   │    │
                         └──────────┘    │
  し尿・生ごみ・          作物残さ・家畜   │
  汚泥等                  ふん尿等         │
                                          │
                                    ┌──────────┐
                         ┌─89→175─┐│ 農業生産 │
                         │         ││  活動    │
                         ▼         └──────────┘
                    浄化処理等 堆肥等での利用  ↑
                                          ┌──────────┐
                                          │ 化学肥料 │
                                          │  69→57   │
                                          └──────────┘
```

資料：農業環境技術研究所基づく試算

注）図中の数値は（昭和35→平成4年）の窒素量の変化を示している．
窒素通過量（89→175）は，国産食糧と輸入食糧・飼料の窒素量の合計値で試算した．

図 8.1 食糧供給システムにおける窒素循環
（1960 年から 1992 年にかけて窒素量の変化）
((財) 農林統計協会，1994 より引用)

260 %，リン酸 102 %，カリ 193 %になると試算されている（生物系廃棄物リサイクル研究会，1999）．

それでは，これら生物系廃棄物のリサイクルはどのようになっているのだろうか．一般に，稲わら，家畜ふん尿，樹皮バークなどはリサイクル率が高く，発酵によるコンポスト化が進んでいる資源でもある．しかし，生ごみ，下水汚泥，し尿，浄化槽汚泥などは，いまだに資源化率も低く，焼却や埋め立てといった方法で処分がなされている．特に，最近では，廃棄物の焼却は CO_2 の排出やダイオキシンなどの有害物質の発生にもつながるので，肥料資材や活性炭への積極的な活用が注目されはじめている．例えば，1995 年度における全国の下水汚泥発生量は約 171 万 t（乾燥固形物質ベース）であり，そのうち有効利用汚泥量は約 30 %の 51 万 t にとどまっているという．当研究室では，下水汚泥の有効利用の観点から，ダイオキシンの発生が生じない温度で下水汚泥を炭化し，道路などの法面緑化の基盤材として用いたとこ

ろ，バーク堆肥などの組み合わせで緑化植物の生育促進に効果が高いことを明らかにしている．この炭化汚泥は，臭いがなく，しかも軽量なので，物流面では極めて利便性が高いと判断された．

この様に，生物系廃棄物は農業生産の場面において肥料資源としても十分な役割を担うことから，いかに化学肥料の投入を減じ，廃棄物コンポストのリサイクル化を行なうかが，環境保全の推進の面からは主要な課題となろう．この生物系廃棄物のリサイクル化を進めるに当たり，土壌のもつ自然の浄化作用（環境同化容量）（細谷，1996）は無限でないことにも注意を払うべきである．

2．生物系廃棄物（有機物）の土壌への還元

(1) 有機物の働き

土壌は，人間の生命-植物-動物-微生物の共生系を成立させ，食糧資源の安定供給の基盤となっている．一般に，土壌への有機物の還元は土壌肥沃を増進させ，さらに物理性，化学性あるいは生物性を改善し，これらの要素が農産物の安定生産と供給に大きく寄与するとされている．このため，1984 年には「地力増進法」が制定され，土壌改良資材の品質に関する適性化のための措置が講ぜられた．さらに，1994 年には堆肥等特殊肥料に係る品質保全推進基準が定められ，品目はバーク堆肥，下水汚泥肥料，し尿汚泥肥料，食品工業汚泥肥料，下水汚泥堆肥，し尿汚泥堆肥，食品工業汚泥堆肥，家畜ふん堆肥の8種類に区分された．当然のことながら，各種類には，有機物，C/N 比，窒素 (N) 全量，リン酸 (P_2O_5) 全量，カリ (K_2O) 全量，アルカリ分などの品質基準値が設けられた．また，1995 年には，「重金属等の蓄積防止に関する資料」が改正され，アルキル水銀化合物からセレンまたはその化合物にいたる 23 成分について基準値が示された（ポケット肥料要覧，1998）．この様に，これらの法的基準は，未利用有機物のリサイクルを積極的に進めることあるいは環境負荷を軽減することなどの観点から制定されたと理解されよう．

一方，近年は，土壌における有機物と微生物の相互関係が，作物の生育に

第8章 植物資源生産と環境保全との調和

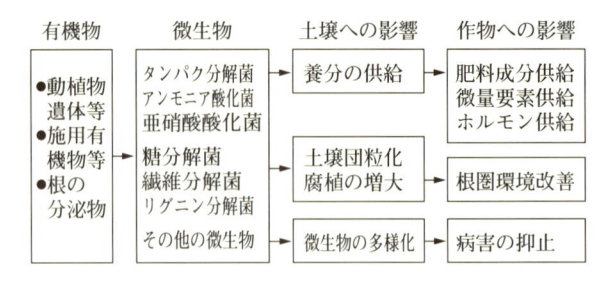

有機物	微生物	土壌への影響	作物への影響
●動植物遺体等 ●施用有機物等 ●根の分泌物	タンパク分解菌 アンモニア酸化菌 亜硝酸酸化菌	養分の供給	肥料成分供給 微量要素供給 ホルモン供給
	糖分解菌 繊維分解菌 リグニン分解菌	土壌団粒化 腐植の増大	根圏環境改善
	その他の微生物	微生物の多様化	病害の抑止

図8.2 土壌中における有機物と微生物の機能が作物に及ぼす影響 (藤原1998).

及ぼす効果について論じられてきている.すなわち,有機物の施用は土壌の物理性あるいは化学性の改善を引き起こすが,これには土壌微生物が初期段階で深く関与するという.図8.2には,土壌中における有機物と微生物の機能が作物に及ぼす影響について示した (藤原,1998).この図が示す通り,有機物の施用は,微生物相を活性化させ,土壌への養分の供給,土壌の団粒化・腐植の増大あるいは微生物の多様化を促すこととなり,作物へは肥料成分,微量要素とホルモンなどの供給ならびに根圏環境の改善と土壌病害の抑止にそれぞれ効果をもっている.他に,PGPR (植物生長促進根圏細菌),リン溶解菌,土壌病原菌に対する拮抗微生物あるいは環境汚染物質の分解 (バイオレメデイエーション) に関与する微生物の増加にも有機物が深く関与するという.したがって,土壌中に有用微生物を定着させるためには,有機物の積極的活用が鍵となろう.

これらのことを整理すると,土壌への有機物の施用は単に栄養分の供給や物理・化学性の改善のみならず,土壌の微生物相の多様化をはかることに意義があるとしても過言でなかろう.

(2) 有機農産物

有機農業の起源は,宗教的,無農薬ならびに食糧の安全性に端を発しているといわれている.農業生産の場面では,化学肥料の多投や農薬がもたらす環境汚染が指摘され,この反省として有機栽培,減農薬栽培あるいは自然農法が生まれてきた.また,これらの行動は,消費者の安全性志向の運動とも合まって,差別化商品を生みだす原動力にもなった.先に述べたごとく,農

有機農産物	原則として化学合成農薬，化学肥料および化学合成土壌改良資材を使わないで，3年以上を経過し，堆肥等による土づくりを行なった圃場において収穫された農産物（6カ月以上3年未満を経過している圃場で収穫されたものは「転換期間中有機農産物」と表示）．
無農薬栽培（無化学肥料栽培）農産物	農薬（または化学肥料）を使用しない栽培方法により生産された農産物（前作までの農薬等の使用状況は問わない）．土壌を用いない水耕栽培等はその旨も表示．
減農薬栽培（減化学肥料栽培）農産物	化学合成農薬（または化学肥料）の使用を，同じ地域の同じ時期に慣行的に使われる回数（または量）の5割以下に減らして生産された農産物．減らした割合，使用した化学合成農薬（または化学肥料）の名称，用途，回数等も表示．

((財)農林統計協会より引用)

図 8.3　有機農産物等についての特別表示ガイドライン

林水産省は，1991年度から1993年度の3カ年にわたり，「有機質肥料等品質保全研究会」によって提案された．バーク堆肥等の品質に係る推奨基準の認証要領を作成した．同時に，1993年から，「有機農産物等に係る青果物等特別表示ガイドライン」の適用が開始された（図8.3）．このガイドラインでは，農産物は，「有機農産物」，「無農薬栽培（無化学肥料栽培）農産物」と「減農薬栽培（減化学肥料栽培）農産物」の3種類に区分されている．また，消費者保護の立場から，製造物責任制度（PL制度）も1994年に法制化されている．これらの例が示す様に，生産者と消費者には，食品の安全性や環境保全への配慮から，未利用生物廃棄物も含む有機物の活用とリサイクルが求められることとなった．

　一方，諸外国における有機農業の取り組みについてみることにしよう．まず，ドイツに本部がある有機農業運動国際連盟（**IFOAM**）は，結成いらい制度を何度か改正しながら，1994年に有機農業の主要目的として12項目を掲げ，各国における有機農業の取り組みの基準を提供した（西尾，1997）．いわゆる，骨子としては，地力を維持し生産力を安定化させること，化学肥料や農薬を使用しないことならびに自然生態系に調和した物質循環系を確立することなどである．一方，アメリカでは，「全国オーガニック委員会」が設置さ

れ，国定基準や生産資材あるいは栽培法を策定しているという．特に，アメリカやEUでは，悪化した環境の保全に，この有機農業の役割が重視されている．

他方，わが国では，有機農産物の差別化にともない，しばしば品質の改善がともなうかどうかについても論議がなされてきた．このことに関し，一早く日本土壌肥料学会は，有機物施用による「食品の質」向上のメカニズムについて科学的に論述し，「緩効的窒素の作用」と「低くしかも安定した水ポテンシャル維持作用」の2点から，「食品の栄養成分の増加」と「食品の保存性の増加」への効果を追及した (森，1986)．しかし，有機物の施用と糖，ビタミンCあるいはカロチンの増加との因果関係については未解決のまま残された．当研究室においても，動物質と植物質100%からなる有機質肥料を試作し，野菜やコシヒカリを栽培した．その結果，有機質肥料を施用すると，ホウレンソウでは収量は低くなるものの，総ビタミンCを高め (図8.4)，全窒素に占める硝酸態窒素の割合を低めた (表8.4)．また，コシヒカリでは，有機質肥料を施用すると，生育初期の茎数は減ずるが，アミロース含量を相対的に低める傾向を示すことが明らかになった (表8.5)．他に，市販普通栽培と有機栽培野菜とに含有する還元型ビタミンCや糖質について比較した

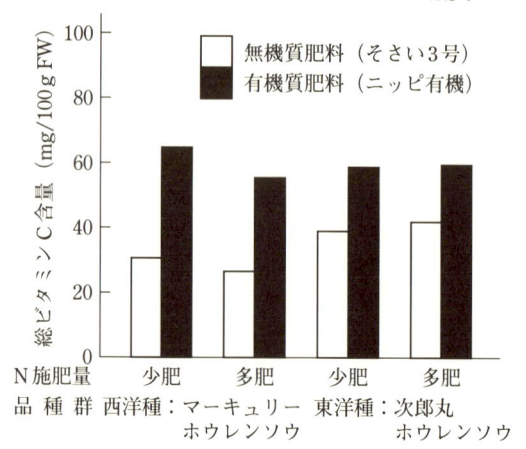

図8.4 ビタミンC含量に及ぼす有機質ならびに無機質肥料の影響 (葭田 1990)

表 8.4　ホウレンソウの硝酸態窒素含量に及ぼす有機質ならびに無機質肥料の影響

品種群	肥料資材	施肥量	硝酸態窒素 (mg/gDW)	全窒素 (mg/gDW)	硝酸態窒素/全窒素 × 100 (%)
東洋種	無機質肥料	少肥	3.14 ± 0.12	69.79	4.50
		多肥	9.66 ± 0.22	71.14	13.58
	有機質肥料	少肥	1.38 ± 0.07	58.94	2.34
		多肥	4.10 ± 0.43	71.64	5.72
西洋種	無機質肥料	少肥	2.78 ± 0.14	67.93	4.09
		多肥	6.07 ± 0.13	72.76	8.34
	有機質肥料	少肥	2.57 ± 0.06	69.53	3.70
		多肥	2.72 ± 0.06	79.73	3.41

(蒄田 1990)

表 8.5　栽培法が異なる場合のコメのタンパクとアミロース含量

栽培法	栽培地	品種	玄米/白米	窒素(%)*	タンパク含量(%)	アミロース含量(%)**
普通栽培	小矢部市	コシヒカリ	白米	1.15	6.84	20.02
			玄米	1.29	7.68	—
普通栽培	高岡市	トヤマニシキ	玄米	1.22	7.26	21.61
普通栽培	富山市	コシヒカリ	玄米	1.17	6.96	19.01
普通栽培	富山市	日本晴	玄米	1.16	6.90	18.54
有機栽培	大山町	トヤマニシキ	玄米	1.32	7.85	18.10
有機栽培	八尾町	コシヒカリ	玄米	1.15	6.84	16.65
有機栽培＋尿素深層追肥	小矢部市	コシヒカリ	白米	1.06	6.31	21.00
自然栽培	小矢部市	コシヒカリ	玄米	1.06	6.31	18.21

*水分15%　**白米当量　　　　　　　　　　　　　　　　　　　(蒄田 1990)

ところ，両栽培法における成分の間に有意な差がないとした報告もある（鯨，1994）．また，最近，興味のある事実として，有機質肥料栽培したキャベツとハクサイを用いラジカル捕捉活性（抗酸化活性）を測定したところ，両作物におけるラジカル捕捉活性とアスコルビン酸含量は化成肥料区に比べて有機質肥料区が高い傾向を示すが，有意差は認められないとした報告もある（山

口他,1999).

　これらの具体例が示す様に,有機質肥料の品質に及ぼす効果は判然としないが,この理由としては品種,作期,土壌などの栽培条件ならびに有機質の種類と施用量が試験毎にそれぞれ異なることによるものと推察される.しかしながら,有機物の施用による土壌の物理性と化学性の改善は,土壌の微生物の働きに応うところが大きいので,農産物の品質向上にはこの微生物の直接的あるいは間接的な関与も否定できない.いずれにしても,有機物は,土壌微生物により分解され無機化され作物に吸収されるので,成分的には化学肥料と同じということになり,品質への過大な効果を期待すべきでないかも知れない.

3. 環境保全型農業

(1) 環境保全型農業とは何か

　農業の果たす役割は,食糧の生産性の向上あるいは安定供給の持続であり,昔も今も変わりはない.しかし,農林水産省は,昔は「農薬や化学肥料は農産物の安定生産に必要不可欠なものであり,適切な施用基準に従えば環境問題は起こらない」とする見解を主張してきた.1992年になり,同省は,一転して「新しい食料・農業・農林政策の方向」のなかで,農業は最も環境と調和した産業であるが,環境に悪影響を及ぼす面をもっているとし,国土・環境保全に資するという観点から,農業のもつ物質循環機能などを生かしさらに生産性の向上を図りつつ,環境負荷の軽減に配慮した持続的農業,すなわち環境保全型農業の確立を目指さなければならないとした.この背景には,農地への化学肥料の多投あるいは殺虫・殺菌・土壌くん蒸剤などの過剰散布から起こる,湖沼や地下水の富栄養化,硝酸態窒素汚染あるいはダイオキシンに代表される環境ホルモンの発生があったからである.したがって,政策からみれば,農業も他産業と同様に,環境負荷を作り出す産業であるとの見解に達したことになる.続いて1994年には農林水産省環境保全型農業推進本部によって「環境保全型農業推進の基本的考え方」が出され,生産者や流通・消費サイドも包合し地域社会の活性化のための,土づくり等を通じ

て化学肥料，農薬の使用等による環境負荷の軽減に配慮した持続的な農業の展開の必要性を強調された．1995年の農政審議会報告「農産物の需要と生産の長期見通し」（(財)農林統計協会，1997）では，今後10年程度で開発・普及が見込まれる主要な四つの新技術が例示された．その新技術には，一つは「生産性の向上」，二つは「労働快適化」，三つは「高付加価値性」そして四つは「環境保全型農業技術」が揚げられている．特に，このなかから「環境保全型農業技術」についてみれば，土壌診断に基づく最適施肥技術や肥効調節型肥料・接触型施肥による施肥効率の向上，VA菌根菌によるリン酸の有効利用，堆きゅう肥の高品質化技術と畜産由来有機物資源のリサイクルの促進ならびにクリーニングクロップや緑肥を取り入れた輪作体系など土壌肥料分野の技術開発が主な柱となっている．これらの技術の開発は，まぎれもなく環境負荷の軽減のための持続的農業の推進にある．

　他方，アメリカでは，「資源の再生産・再利用を可能にし，農薬・化学肥料の投入量を必要最小限におさえ，地域資源と環境を保全しつつ一定の生産力と収益性を確保し，しかもより安全な食料生産を行う農法の体系」を目標とする「低投入・持続型農業（Low-Input Sustainable Agriculture）」が1985年に農業法（1985年食料安全保障法）で定められた（中村，1995）．この農業法を出さざるを得なかった理由としては，1970年以降のアメリカからの農産物（穀物）の輸出が飛躍的に増加し，そのため化学肥料や殺虫剤・除草剤などの合成農薬の多投を余儀なく行なわざるを得なくなり，結果として土壌浸食，地下水の枯渇，塩類集積が起こり，優良な農地が不毛の地と化してしまったからである．いわゆる，農地の持つ生態系を無視し，工業的手法による農法を主体にしたからである．したがって，わが国の農政の転換は，このアメリカ型の思想に追随している部分が多い．

　これらを整理すると，「環境保全型農業」は有機農業，減農薬農業あるいは自然農法も包括することとなり，目指すところは土壌を中心に据えた物質循環系を活用し，高い生産性の持続と農業に係わる生態系の保全にあるといえよう．

（2）有機物施肥の環境的許容限界

1993〜1997年までのわが国における生物系廃棄物の発生量は（農水省生物系廃棄物リサイクル研究会，1999），多い順に家畜ふん尿（1997年9,430万t），下水汚泥（1996年8,550万t），生ごみ（家庭，事業系）（1995年2,028万t），し尿（1995年1,995万t），食品産業汚泥（1995年1,504万t），浄化槽汚泥（1995年1,359万t），わら類（1996年1,172万t）となっており，総計では28,143万tと推計されている．この総計に対する成分含有量は，窒素で132.1万t，リン酸で62.1万tならびにカリで84.6万tと試算されている．先に述べたように，生物系廃棄物の成分量を肥料資源として評価した場合，1996年度に使用された化学肥料のそれに比べて2〜3倍過剰となる．

それでは，わが国の農地への施肥あるいは土壌改良資材として，投入可能な有機物の総量はどの程度であろうか．農水省では，この投入量を「環境容量」というかたちで表現している．この「環境容量」を窒素でみると，ドイツなどでは有機質由来の窒素と化学肥料の窒素とを併せて，農耕地で170 kg/ha，草地で210 kg/haに上限が設定されている（越野，1996）．わが国では，年間当たり作物に必要な窒素量は200 kg/ha程度であると推定されている．一方，1996年度での消費肥料成分量を10〜50％を有機物由来の成分で代替すると，耕地利用率96％を基礎として，窒素ベースで17〜85万t，リン酸ベースで16〜80万t，カリベースで14〜69万tが農地へ投入できると試算されている．すなわち，この農地の窒素許容量から，化学肥料を有機物由来の窒素にいくら代替できるかが，環境保全型農業への貢献の評価につながることになる．

（3）環境保全型農業の取り組み

① 施肥窒素利用効率の向上

環境保全型農業のなかで，いかに施肥窒素の利用効率を高めるかが重要な課題である．1985年には，茶園と水田における窒素の年間の収支が試算されており，茶園では10a当たり64.6 kgの窒素を施用すると22.5 kgが環境に排出され，水田では10a当たり6.4 kgの窒素を施用すると，用水などからの天然供給量もあり，−16.0 kgの排出量を示すという（長谷川，1985）．ま

た，1995年には主として畑作地帯の13 m 井戸水中の硝酸態窒素の起源別推定が行なわれ，井戸水中の硝酸態窒素の92％は土壌に由来することを，デルター^{15}N 値を用いて測定された（朴ら，1995）．これらの例が示す通り，畑地

表8.6 作期・栽培法の全量基肥に適用できる被覆窒素配合肥料

作期・栽培法	土壌	品種	被覆肥料	窒素削減率	備考
早植栽培	グライ土	キヌヒカリ，他	LP 100 配合	10〜20％	コシヒカリ除く
	灰色低地土	キヌヒカリ，他	LP 50 + LPS 100 配合	10〜20％	コシヒカリ除く
普通栽培	灰色低地土	キヌヒカリ，他	LP 50 配合	20〜30％	小麦後
乾田直播	灰色低地土	あかね空	LP 40 + LPS 100 配合	20％	5月中旬
湛水直播	灰色低地土	彩の華	LP 50 配合	20〜30％	小麦後

（日高　伸 1998）

表8.7 LP 30 の局所施用がホウレンソウの収量および窒素吸収に及ぼす影響

作型	窒素施肥法	窒素施用量 (g/m^2) (溶出量)	発芽率 (％)	収量 (g/m^2)	窒素吸収量 (g/m^2)	施肥窒素吸収量 (g/m^2)	施肥窒素利用率 (％)
春作	無窒素	0	88*	1352	4.39		
	UP 30 テープ	2.7 (2.0)	84	1876	5.86	1.47	74*
	UP 30 テープ	4.5 (3.3)	83	2056*	6.68*	2.29*	69
	UP 30 テープ	6.3 (4.7)	65	1508	5.14	0.75	16
	UP 30 テープ	12.0 (8.9)	84	1908	6.17	1.78	20
夏作	無窒素	0	90*	1790	6.44		
	UP 30 テープ	0.9 (0.8)	90*	1920	7.29	0.85	108*
	UP 30 テープ	2.7 (2.4)	81	2132*	8.88*	2.44*	104
	UP 30 テープ	4.5 (3.9)	71	1984	8.79	2.35	60
	UP 30 テープ	6.3 (5.5)	40	1620	8.77	2.33	43
	UP 30 テープ	12.0 (10.4)	81	2032	9.43	2.99	29
秋作	無窒素	0	91*	1357	4.78		
	UP 30 テープ	2.7 (2.1)	86	1812	6.33	1.92	91*
	UP 30 テープ	4.5 (3.5)	87	1839*	7.43*	3.02*	86
	UP 30 テープ	6.3 (4.9)	72	1763	7.15	2.74	56
	UP 30 テープ	12.0 (9.4)	88	1584	6.69	2.28	24

生育期間中の LP 30 溶出率：春作 70％，夏作 87％，秋作 78％
試験圃場の土壌管理状態：有機物は無施用，冬期間ハウスビニールを除去
利用率は無窒素との差し引き法により産出
* 各項目の最高値（各項目の最下段の UP 30 テープは参考である）

（松本 1998）

は水田に比べて,環境への窒素の排出が著しいことを示唆している.したがって,土壌や肥料に由来する窒素を,いかに効率よく作物に吸収利用させるかが環境保全型農業の栽培技術の柱となろう.

これらの観点から,最近,樹脂コーティングした肥料や遅効肥料などの肥効調節型肥料の開発ならびに深層,側条,接触などの施肥法の改良にともなって,施肥窒素の利用率も大幅に高める工夫がなされた.例えば,埼玉県は環境にやさしい水稲の省力施肥技術を確立し,被覆窒素配合肥料を用いることで施肥窒素利用率を向上させ,収量を高位に安定させながら,10～30％の減肥に成功した（表8.6）.また,富山県では,施設栽培ホウレンソウの窒素吸収率を高めるため,種子封入テープと肥料封入テープとを同時に埋設し（局所施肥）栽培したところ,施肥窒素利用率が高まり,窒素施用量が著しく削減されることも明らかにされている（表8.7）.

したがって,肥料資材や施肥位置の組み合わせは,高い収量を維持しながら,施肥窒素の量の削減を可能にすることを強く示唆している.しかし,農地から環境に排出される窒素は,肥料に比べて土壌由来の窒素であろうから,土壌中での有機物の無機化過程の解明を進めると同時に,過剰な有機物の農地への還元は強く戒しめなければならない.

(4) 生ごみのリサイクル

1995年度における家庭や事業所から出る生ごみ量は,2,028万tと推計され,肥料成分に換算すると窒素で8万t,リン酸で3万t,カリで3.2万tになるという.この生ごみを資源化できないかどうかについて,「生ごみリサイクル全国ネットワーク」(1998)では,技術的な研究や情報を核に,市民,行政,民間とも連携しながら,資源循環型社会の構築との関連から全国規模で交流会を行なっている.特に,「生ごみ問題」を環境教育の面にまで拡大し,運動を行なっていることはまこと注目に値する.主な活動状況は,①「生ごみ堆肥の性質と肥効」,②「家庭でできる生ごみリサイクル」,③「事業所で進む生ごみリサイクル」,④「堆肥化技術のいろいろ」,⑤「生ごみリサイクルへの挑戦」,⑥「生態系循環の学習は生ごみを素材」などである.一方,生ごみのリサイクルでは,作物に対する肥効が問題となる.東京農業大

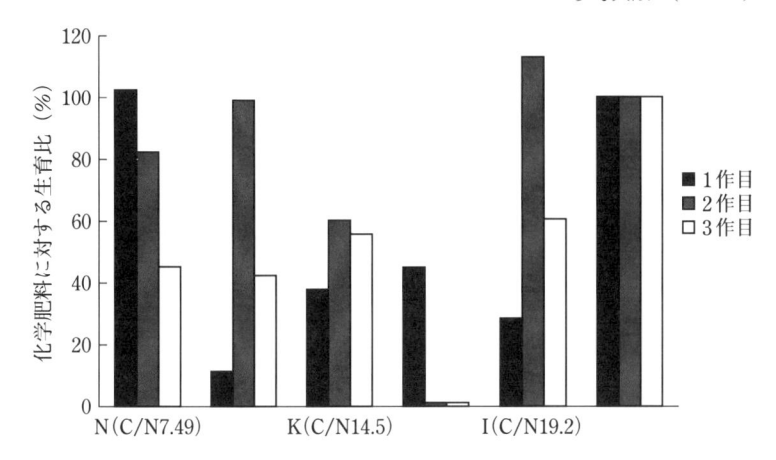

図 8.5 生ごみ堆肥の施用が1～3作のコマツナの生育パターンに及ぼす影響
(後藤ら, 1998)

　本学土壌研究室では(後藤ら, 1998),「生ごみ堆肥コンクール」を行ない, これら16点の肥効をコマツナを用いて調査したところ, 炭素率10程度以下では2作目まで化学肥料と同等の生育を, 炭素率10～20では2作目で化学肥料に匹敵する生育をならびに炭素率25程度以上では1～3作目とも化学肥料より悪くなる生育をそれぞれ示すことを明らかにしている(図8.5). さらに, この事実から, 家畜ふん堆肥に適用されている良質堆肥の指標値(炭素20～30)は, 生ごみ堆肥に適用できないことも指摘した.

　他方, 町ぐるみで自然生態系農業を目指している例を紹介しよう. 宮崎県綾町では, 1988年から,「綾町憲章:自然生態系を生かし, 育てる町にしよう」を作り, 消費者-生産者-農業-町が一体となり自然の摂理を尊重した農業を推進している. この様に, 有機物のリサイクルは, 村や町単位の取り組みが基本となり, 地球規模での環境保全に大きく発展することとなる.

参 考 文 献

　藤原俊六郎 1998. 有機物と微生物 農&園 73. p. 122～126.

　後藤逸男, 久保山周子, 両角晶子, 中嶋久美子 1998. 生ごみ堆肥の性質と肥効 第2回生ごみリサイクル全国交流集会資料. p. 50～57.

　長谷川清善 1985. 茶園・水田連鎖地形における富栄養化成分の行動 滋賀農試報 26.

p. 34～40.

日高 伸 1998. 環境にやさしい・水稲の省力施肥栽培－埼玉県のとりくみ－ 農業と科学 8 月号. p. 1～7.

細谷 隆 1996. 肥料の新しい発展を求めて－環境保全型農業と農林水産省の取り組み－ 肥料同人, p. 272～284.

松本美枝子 1998. 施設ホウレンソウにおける窒素の合理的施肥方法 農業技術 53. p. 447～451.

森 敏 1986. 有機物研究の新しい展望 博友社, p. 85～137.

中村耕三 1995. アメリカの環境保全型農業 (財) 農林統計協会. p. 1～200.

生ごみリサイクル全国ネットワーク 1998. 全国交流集会資料集. p. 1～209.

西尾道徳 1997. 有機栽培の基礎知識 農文協. p. 1～289.

農林統計協会 1994. いま, 日本の農業, 農林は (財) 農林統計協会. p. 1～99.

農林統計協会 1997. 図説「農産物の需要と生産の長期見通し」(財) 農林統計協会. p. 1～146.

農林水産省生物系廃棄物リサイクル研究会 1999. 生物系廃棄物リサイクルの現状と課題. p. 392～421.

農林統計協会 1998. ポケット肥料要覧 p. 1～397.

朴 光来, 日高 伸, 熊澤喜久雄 1995. 埼玉県櫛引台地により灌漑されている水田表面水の硝酸態窒素濃度および $\delta^{15}N$ 値の変化 土肥誌 69. p. 287～292.

越野正義 1996. 肥料の新しい発展を求めて－持続型農業における肥料の位置付け－ 肥料同人. p. 293～302.

鯨 幸夫 1994. 有機栽培野菜と普通栽培野菜のビタミン C および糖質含量について 日本栄養・食糧学会誌 47. p. 148～151.

関矢信一郎 1990. 施肥と土壌環境－施肥の環境への影響 (1) 第 25 回肥効率向上技術研究会. p. 7~8.

山口智子, 村上恵一, 石渡仁子, 高村仁知, 荒川彰彦, 大谷博実, 寺尾純二, 的場輝佳 1999. 有機質肥料と化成肥料で栽培したキャベツおよびハクサイのラジカル捕捉活性 日本食品科学工学会誌 46. p. 604～608.

葭田隆治 1990. 有機農産物と窒素化合物 北陸作物学会報 25. p. 100～104.

索　引

ア
- IFOAM……205
- 赤カブ……166
- アグロバクテリウム……131, 187
- アスパラギン……120
- アーバスキュラー菌根菌……123
- アラントイン酸……119
- アレロパシー……77
- アンチセンス法……184

イ
- 維管束鞘……26
- イソフラボン……164
- 一・二年草……48
- 一重項酸素（$^1O_2$）……147
- 遺伝子組み換え……183
- 遺伝的能力……85

ウ
- ウイルス病……130
- ウイルスフリー苗……172
- ウレイド……119

エ
- 頴花……26
- 栄養性……147, 157
- えぐ味……157
- エリシター……132
- エルニーヨ現象……2
- エレクトロポレーション……188

　
- 園芸的分類……48
- 園芸療法……52
- エンドファイト……125

オ
- オートレギュレーション……118
- 温室効果……9
- 温室効果ガス……101
- 温暖化……9
- おんぼイモ……38

カ
- 塊根……41
- 回収バイオマス……77
- 化学的防除法……134
- 化学肥料……145
- 禾穀類……24
- 果菜類……45
- 過酸化脂質生成抑制率……163, 165
- 果実……167
- 活性酸素消去率……165
- カビ……131
- 過敏感反応……133
- カリクローン……172
- カリフラワーモザイクウイルス……184
- カルス……176
- カロチン……157
- 環境同化容量……203

環境破壊 ……………………… 5
環境保全型農業 ………………208
還元層 …………………………112
間作 ……………………………82
緩衝作用 ………………………107
寒じめ …………………………160
間接導入法 ……………………187
感染シグナル …………………133
間断灌漑 ……………………… 5
甘味料資源 ……………………153
外生菌根菌 ……………………125
ガメクローン …………………171

キ

帰化雑草 ………………………79
基原植物 ………………………68
起源中心地 ……………………17
気候要因 ………………………71
拮抗微生物 ……………135, 143
キュアリング貯蔵 ……43, 161
球状胚 …………………………176
共生 ……………………………113
共生窒素固定微生物 …………114
強力粉 …………………………27
菌根菌 …………………………122
菌類 ……………………………131
魚雷型胚 ………………………177

ク

薬 ………………………………63
クラウンゴール ………………187
グランドカバー ………………72

グルタミン合成酵素 …………119
グルタミン酸合成酵素 ………119
群落光合成 ……………………31

ケ

景観形成植物 …………………71
茎頂（成長点）培養 …………172
絹糸抽出期 ……………………26
下水汚泥 ………………………202
原核生物 ………………………110
限定要因 ………………………71

コ

耕うん …………………………92
高温ストレス …………………99
硬化 ……………………………97
抗菌作用 ………………………79
工業原料作物 …………………22
根圏 ……………………………113
耕作放棄地 ……………………72
硬質デンプン …………………29
抗う蝕性 ………………………153
抗生物質 ………………………142
コドン …………………………186
糊粉細胞 ………………………27
根圏微生物 ……………………82
根栽農耕文化 …………………165
根菜類 …………………………45
混植 ……………………………137
根粒菌 …………………… 82, 113
根粒形成機構 …………………116
根粒超着生変異株 ……………118

根粒非着生変異株 …………121	枝梗…………………………26
5-ALA ………………………156	嗜好性 ………………147, 156
五穀……………………………58	糸状菌………………………111

サ

細菌…………………………110	自然植生………………………71
細菌病………………………130	自然生態系農業……………213
最少養分律……………………91	湿害……………………………94
最適施肥技術………………209	子房柄…………………………34
栽培化…………………………14	宿主特異性…………………115
栽培植物………………………55	種苗登録………………………70
栽培植物（作物）の分類 ……21	障害型冷害……………………98
栽培中心地……………………17	硝酸…………………………119
細胞質雑種…………………182	硝酸化成……………………109
作物……………………………14	硝酸態窒素…………………154
作物の起源地…………………55	生薬……………………………67
サプレッサー………………132	鞘葉……………………………24
サポニン……………………164	少量多品目生産………………59
酸化ストレス………………163	植物資源………………………55
酸化層………………………112	植物生産システム……………85
酸化防止……………………162	植物生長促進根圏細菌……204
散光……………………………31	植物生長促進根圏細菌群…142
山菜類………………………166	植物遷移………………………79
三圃式農法…………………128	植物抽出エキス………………83
山野草…………………………62	植物糖鎖……………………186
雑穀……………………………57	植物の耐性……………………72
雑草……………………………56	食物アレルギー……………162
	食物繊維……………………149

シ

CA貯蔵 ……………………160	食物連鎖………………………2
資源植物………………………13	食糧自給率………………2, 59
資源循環型社会……………212	真核生物……………………111
	新鮮有機物…………………144

深層水	160
心臓型胚	177
直播栽培	4
持続型農業	8
樹枝状体	123
常緑果樹	50
人工二次林	21

ス

スーパーオキサイドアニオン（O_2^-）	147
水酸化ラジカル（OH）	147
水質浄化作用	76
水生植物	76
衰退現象	135
水田	112
ストロン	37

セ

生活習慣病	57
静菌作用	142
生殖枝	34
生体機能調節物質	161
生体調節機能	147
整腸作用	150
生物系廃棄物	202
生物的防除	135
生物的要因	71
成分含量	68
積算気温	96
接種菌	139
雪中貯蔵	160

施肥窒素利用効率	210
施肥法	212
選択的除草剤	5
鮮度保持	161
ゼロエミッション	199

ソ

相対ウレイド法	121
ソマクローナル変異	177
ソマクローン	171
ソラニン	39

タ

ターミネーター	184
耐乾性	94
堆肥化促進	143
耐肥性の品種	92
太陽エネルギーの固定	14
耐冷性品種	96
田植え	27
多犯性	129
炭化汚泥	203
CO_2補償点	102
反収増	3
単生窒素固定微生物	114
炭素/窒素比	136
ダイズ	118
脱窒	109
団粒形成	82
団粒構造	107

チ

地域伝統植物資源	59

窒素固定	109
窒素の循環	201
窒素の無機化	109
窒素バランス法	121
地方品種	59
中肋	25
腸内細菌	151
「超氷温」貯蔵技術	159
調理	153
直接導入法	187
貯水細胞	33
地理的要因	71

ツ

追熟ホルモン	161
追肥	4
土	106
ツルボケ現象	42

テ

抵抗反応	132
Ti-プラスミド	187
低温貯蔵	159
T-DNA	187
低投入・持続型農業	209
田畑輪換	137
デンプン，タンパク資源	148

ト

特産地	44
止葉	25
土壌改良資材	203
土壌間隙	106
土壌中の物質循環	90
土壌特性	87
土壌微生物	204
土壌病害	129

ナ

中干し	28
軟質デンプン	29
軟腐病	130

ニ

二次生長イモ	39
二次代謝産物	77
ニトロゲナーゼ	114
日本型食生活	149

ネ

ネオマイシンホスホトランスフェラーゼ	186
熱ショックタンパク質	99
粘土鉱物	88

ノ

のう状体	123
ノジュリン	117

ハ

ハイグロマイシンBホスホトランスフェラーゼ	186
バイオレメディエーション	145
畑の肉	32
半栽培植物	15
半数体植物	178
培土	32
バイナリー・ベクター	188

バクテロイド …………………117
パーティクルガン法 …………188
パールチェーン ………………181

ヒ

肥効調節型肥料 ………………209
非対称細胞融合 ………………182
微生物資材 ……………………138
必須元素 ………………………107
必須脂肪酸 ……………………152
肥料三要素 ……………………108
肥料資源 ………………………199
品種の固定化 ……………………8
Bt タンパク質 …………………195
ビタミン ………………………150
ビタミン B 群 …………………157
ビフィズス菌 …………………165
苗条原基 ………………………173
PL 制度 …………………………205

フ

ファイトアレキシン ……79, 115
フェーン現象 ……………………99
富栄養化 …………………………76
匍枝 ………………………………37
不耕起栽培 ………………………92
腐植 …………………………82, 88
物質循環 ………………………106
不定芽 …………………………176
不定根 …………………………176
不定胚 …………………………176
フラクトオリゴ糖 ……………164

フラボノイド化合物 …………115
不和合性 ………………………180
分化全能性 ……………………171
分げつ ……………………………28
プロトクローン ………………172
プロトコーム様体 ……………173
プロトプラスト ………………174
プロモーター …………………184

ヘ

ヘテロカリオン ………………182

ホ

萌芽 ………………………………38
萌芽抑制剤 ………………………40
飽食 ………………………………1
ホモカリオン …………………182
翻訳後修飾 ……………………186
ポリフェノール化合物 ………162

マ

マーカー菌 ……………………142
マイクロチューバー …………174
マイナークロップ ………………57
マルチ栽培 ………………………36
マルチプルシュート …………173

ミ

水ストレス ………………………93
水ポテンシャル …………………93
水利用効率 ………………………93
緑の革命 …………………………8
民間薬 ……………………………66

ム
無機栄養 ・・・・・・・・・・・・・・・・・・・107
無機質 ・・・・・・・・・・・・・・・ 150, 151
無機質肥料 ・・・・・・・・・・・・・・・・154

メ
メリクローン ・・・・・・・・・・・・・・・171
免疫機能 ・・・・・・・・・・・・・・・・・・・162

モ
基肥・・・・・・・・・・・・・・・・・・・・・・・・・4

ヤ
薬用植物 ・・・・・・・・・・・・・・・・・・・67
野生未利用植物 ・・・・・・・・・・・・55
野生有用植物 ・・・・・・・・・・・・・・55

ユ
有機化 ・・・・・・・・・・・・・・・・・・・・109
有機質肥料 ・・・・・・・・・ 154, 206
有機農産物 ・・・・・・・・・・・・・・・204
有限生育型 ・・・・・・・・・・・・・・・・29
油料資源 ・・・・・・・・・・・・・・・・・152

ヨ
陽イオン交換容量 ・・・・・・・・・・88
葉原基 ・・・・・・・・・・・・・・・・・・・172
葉菜類 ・・・・・・・・・・・・・・・・・・・・45
葉状ストロン ・・・・・・・・・・・・・・37

ラ
要水量 ・・・・・・・・・・・・・・・・・・・・93
抑止土壌 ・・・・・・・・・・・・・・・・・135

ラ
落葉果樹 ・・・・・・・・・・・・・・・・・・50
ラジカル捕捉活性 ・・・・・・・・・207

リ
陸生植物 ・・・・・・・・・・・・・・・・・・76
立性・・・・・・・・・・・・・・・・・・・・・・・34
リポ多糖シグナル ・・・・・・・・・115
硫化水素 ・・・・・・・・・・・・・・・・・・89
緑黄色野菜 ・・・・・・・・・・・・・・・158
緑肥植物 ・・・・・・・・・・・・・・・・・・79
輪作・・・・・・・・・・・・・・・・ 32, 126
輪作体系 ・・・・・・・・・・・・・・・・・・58

レ
冷害・・・・・・・・・・・・・・・・・・ 6, 97
レポーター遺伝子 ・・・・・・・・・141
レグヘモグロビン ・・・・・・・・・117
連作障害 ・・・・・・・・・・・ 79, 126

ロ
老化源 ・・・・・・・・・・・・・・・・・・・147

ワ
矮性遺伝子 ・・・・・・・・・・・・・・・・86

| JCLS |〈㈱日本著作出版権管理システム委託出版物〉|

	2000年 9月25日　第1版発行
2007	2007年 5月25日　訂正第2版
植物資源生産学概論	

著者との申し合せにより検印省略	著作代表者	池田　武 （いけだ　たけし）

©著作権所有	発　行　者	株式会社　養賢堂 代　表　者　及川　清
定価 3150 円 (本体 3000 円) 税 5%	印　刷　者	株式会社　真興社 責　任　者　福田真太郎

発　行　所	〒113-0033 東京都文京区本郷5丁目30番15号 株式会社 養賢堂　TEL 東京(03)3814-0911 振替00120 FAX 東京(03)3812-2615 7-25700 URL http://www.yokendo.com/

ISBN978-4-8425-0067-6　C3061

PRINTED IN JAPAN　　　製本所　株式会社三水舎

本書の無断複写は、著作権法上での例外を除き、禁じられています。
本書は、㈱日本著作出版権管理システム(JCLS)への委託出版物です。
本書を複写される場合は、そのつど㈱日本著作出版権管理システム
(電話03-3817-5670、FAX03-3815-8199)の許諾を得てください。